中学受験

つまずき
検索

理科

中学受験専門塾ジーニアス
松本亘正
矢野響己

かんき出版

JN024687

はじめに

「理科の学習方法がわかりません…」「どうしても点がとれません…」「理科が嫌いです」

　そう思っている人は、多くいます。私も小さい頃はそうでした。いえ、正確には理科が苦手だと思いこんで、苦手意識が強くなり、正しく学習に取り組めていませんでした。

　点がとれないから嫌になる → 嫌になるから前向きに学習できない → 前向きに学習できないから点がとれない……という負のスパイラルにおちいりやすい理科。学習方法がわからず悩んではいるものの、後回しにされやすい科目でもあります。本書は、その「点がとれない」という部分に焦点をあてて、少しでも前向きに取り組むための一歩になる1冊です。

　これまでの理科の勉強で、どこかで「つまずいている」にもかかわらず、振り返ることがなかった人も少なくないでしょう。「つまずく」ポイントをきちんと探して理解していれば、基本レベルの問題はもちろん、やや難しいレベルの問題まで対応することが可能です。そこで、まずは本書の例題でまちがえた問題を解説の通りに解き直してみてください。ほぼ全問をていねいに解説しているので、まねして解きやすい形になっています。問題への意識を少し変えるだけでも、理科を得点源にできる可能性があります。

　たとえば本書の6〜13ページの「気体の発生」について、計算問題が「グラフ」で出題されるときと「表」で出題されるときとでは、最初のアプローチが異なってきます。似ているようでも、注目するべきポイントがちがうのです。それなのに単元名だけで判断し、まったく同じものとして解こうとしても、できるようにはなりません。もちろん理科のしくみや現象を理解してどんな問題でも自然と解けるようになる方がよいのですが、受験が近づく中、理想ばかり追っても問題が解けるようになるとは限りません。「わかる」と「できる」はちがう、とよく言われますが、点をとるために必要なポイントがあるのです。

　そこで本書では、つまずきに特化して単元や問題を厳選し、その部分を重点的に解説しています。「楽して点をとりたい」と思いつつ、知らない間に必要な作業まで省いてしまい、問題が解けずに悩んでいる受験生に最適です。今からでもできることはたくさんあります。

　本書がきっかけとなり、点がとれてだんだん理科が好きになる子が1人でも増えてくれることを願っています。

中学受験専門塾ジーニアス　松本 亘正／矢野 響己

この本の使い方

中学受験を突破するには、苦手な単元を減らしていくことが必要です。この本にはよくある「つまずき」を解消できるように、合格に直結する問題とていねいな解説がのっています。

1 はじめにその単元でよくある「つまずき」を確認しましょう。

2 苦手な子がつまずいてしまいがちな例題です。まずは一度解いてみましょう。

3 つまずきの原因と、正しく理解するためのポイントです。

4 各単元に関するさまざまな知識がちりばめられています。例題の答えだけでなく、解説すべてに目を通すこと！

5 その単元を得意にするための考え方や、プラスアルファの知識を身につけて、合格への大きな1歩をふみだしましょう！

6 仕上げのマスター問題にチャレンジ！別冊にはくわしい解説もあります。自分で解けるようになるまで、何度もトライしましょう。

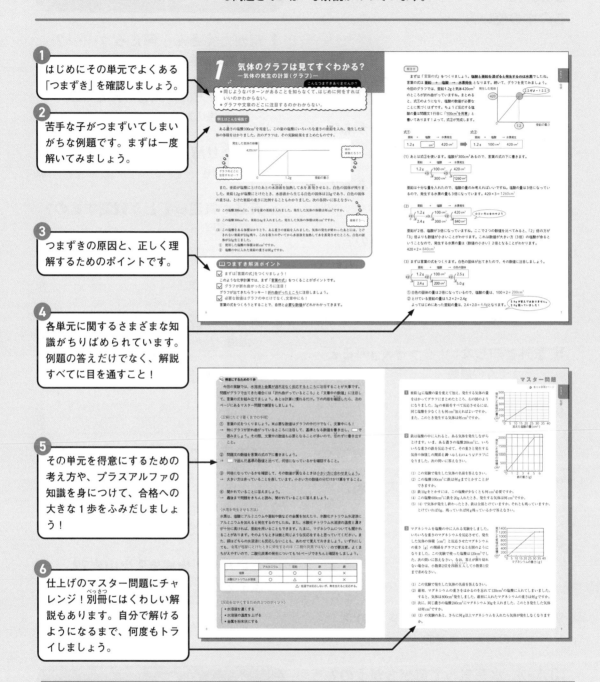

それでもつまずいたら、時間をおいてもう一度 **1**→**2**→**3**→…と、くり返し取り組みましょう。

次ページの目次で「つまずき」を検索して、自分がつまずいている単元がないか、確認してみましょう。

目次

第 **4** 章 物理

ブックデザイン●二ノ宮 匡(ニクスインク)
図版・イラスト●熊アート
DTP●マーリンクレイン

1 気体のグラフは見てすぐわかる？
―気体の発生の計算（グラフ）―

- 同じようなパターンがあることを知らなくて、はじめに何をすればいいのかわからない。
- グラフや文章のどこに注目するのかわからない。

例えばこんな場面で

　ある濃さの塩酸$100cm^3$を用意し、この量の塩酸にいろいろな重さの亜鉛を入れ、発生した気体の体積をはかりました。次のグラフは、その実験結果をまとめたものです。

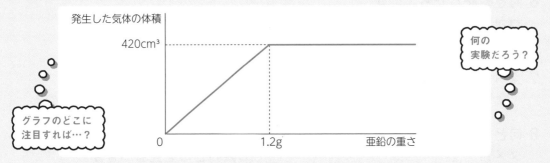

何の実験だろう？

グラフのどこに注目すれば…？

　また、亜鉛が塩酸にとけたあとの水溶液を加熱して水を蒸発させると、白色の固体が残りました。亜鉛$1.2g$が塩酸にとけたとき、水溶液から生じる白色の固体は$2.5g$であり、白色の固体の重さは、とけた亜鉛の重さに比例することもわかりました。次の各問いに答えなさい。

(1) この塩酸$300cm^3$に、十分な量の亜鉛を入れました。発生した気体の体積は何cm^3ですか。

(2) この塩酸$300cm^3$に、亜鉛$2.4g$を入れました。発生した気体の体積は何cm^3ですか。

複雑そう…。

(3) この塩酸をある体積はかりとり、ある重さの亜鉛を入れました。気体の発生が終わったあとには、とけきれない亜鉛が$2.0g$残り、これを取りのぞいてから水溶液を加熱して水を蒸発させたところ、白色の固体が$5.0g$生じました。
　① 使用した塩酸の体積は何cm^3ですか。
　② 塩酸の中に入れた亜鉛の重さは何gですか。

📖 つまずき解消ポイント

☑ **まずは「言葉の式」をつくりましょう！**
　このような化学計算では、まず「言葉の式」をつくることがポイントです。

☑ **グラフが折れ曲がったところに注目！**
　グラフが出てきたらラッキー！折れ曲がったところに注目しましょう。

☑ **必要な数値はグラフの中だけでなく、文章中にも！**
　言葉の式をつくろうとすることで、自然と必要な数値がどれかわかってきます。

解き方

　まずは「言葉の式」をつくりましょう。**塩酸と亜鉛を混ぜると発生するのは水素**でしたね。言葉の式は **亜鉛　＋　塩酸　→　水素発生** となります。続いて、グラフを見てみましょう。

今回のグラフでは、亜鉛1.2gと気体420cm³のところが折れ曲がっていますね。まとめると、式①のようになり、塩酸の数値が必要なことに気づくはずです。ちょうど反応する塩酸の量は問題文1行目に「100cm³を用意」と書いてあります！よって、式②が完成します。

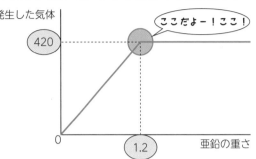

式①

亜鉛	＋	塩酸	→	水素発生
1.2 g		cm³		420 cm³

➡

式②

亜鉛	＋	塩酸	→	水素発生
1.2 g		100 cm³		420 cm³

（1）あとは式②を使います。塩酸が300cm³あるので、言葉の式の下に書きます。

亜鉛は十分な量を入れたので、塩酸の量のみ考えればいいですね。塩酸の量は3倍になっているので、発生する水素の量も3倍になっています。420×3＝<u>1260cm³</u>

（2）

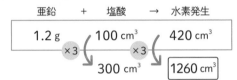

小さい方に合わせよう

亜鉛が2倍、塩酸が3倍になっていますね。ここで2つの数値を比べてみると、「2」倍の方が「3」倍よりも数値が小さいことがわかります。これは数値が大きい方（3倍）の塩酸が余るということなので、発生する水素の量は（数値の小さい）2倍となることがわかります。

420×2＝<u>840cm³</u>

（3）まずは言葉の式をつくります。白色の固体が出てきたので、その数値に注目しましょう。

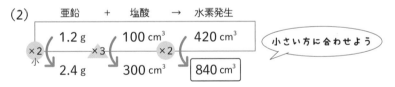

① 白色の固体の量は2倍になっているので、塩酸の量は、100×2＝<u>200cm³</u>

② とけている亜鉛の量は1.2×2＝2.4g

　　よってはじめにあった亜鉛の量は、2.4＋2.0＝<u>4.4g</u>となります。

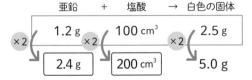

2.4gが答えではありません。2.0g残っていました！

今回の実験では、水溶液と金属が過不足なく反応するところに注目することが大事です。問題がグラフで出てきた場合には「折れ曲がっているところ」と「文章中の数値」に注目して、言葉の式を組み立てましょう。あとは計算に慣れるだけ。下の内容を確認したら、次のページにあるマスター問題で練習をしましょう。

〈正解にたどり着くまでの手順〉

① 言葉の式をつくりましょう。※必要な数値はグラフの中だけでなく、文章中にも！

→ 特にグラフが折れ曲がっているところに注目して、基準となる数値を書き出し、□で囲みましょう。その際、文章中の数値も必要となることが多いので、忘れずに書き出すこと。

② 問題文の数値を言葉の式の下に書きましょう。

→ □で囲んだ基準の数値と比べて、何倍になっているかを確認すること。

③ 何倍になっているかを確認して、その数値が異なるときは小さい方に合わせましょう。

→ 大きい方は余っていることを表しています。小さい方の数値の分だけかけ算をすること。

④ 聞かれていることに答えましょう。

→ 最後まで問題をきちんと読み、聞かれていることに答えましょう。

〈水素を発生させる方法〉

水素は、塩酸にアルミニウムや亜鉛や鉄などの金属を加えたり、水酸化ナトリウム水溶液にアルミニウムを加えると発生するのでしたね。また、水酸化ナトリウム水溶液の温度と濃さが十分に高ければ、亜鉛を用いることもできます。たまに、マグネシウムについても聞かれることがあります。そのようなときは鉄と同じような反応をすると思っていてください。また、銅はどちらの水溶液にも反応しないことも、あわせて覚えておきましょう。いずれにしても、金属が塩酸にとけたときに発生するのは「二酸化炭素ではない」ので要注意。よくまちがえやすいので、二酸化炭素の発生についても16ページできちんと確認をしましょう。

	アルミニウム	亜鉛	鉄	銅
塩酸	○	○	○	×
水酸化ナトリウム水溶液	○	△	×	×

△：低温では反応しないが、熱を加えると反応する。

〈反応をはやくするための3つのポイント〉

- 水溶液を濃くする
- 水溶液の温度を上げる
- 金属を粉末状にする

1 亜鉛1gに塩酸の量を変えて加え、発生する気体の量をはかってグラフにまとめたところ、右の図のようになりました。3gの亜鉛をすべて反応させるには、同じ塩酸を少なくとも何cm³加えればよいですか。また、このとき発生する気体は何cm³ですか。

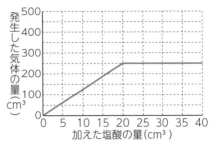

2 鉄は塩酸の中に入れると、ある気体を発生しながらとけます。いま、ある濃さの塩酸200cm³に、いろいろな重さの鉄を反応させて、その重さと発生する気体の体積との関係を調べると右のようなグラフになりました。次の問いに答えなさい。

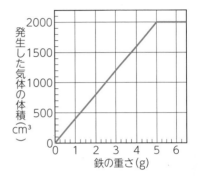

(1) この実験で発生した気体の名前を答えなさい。

(2) この塩酸100cm³に鉄は何gまでとかすことができますか。

(3) 鉄10gをとかすには、この塩酸が少なくとも何cm³必要ですか。

(4) この塩酸600cm³に鉄を20g入れたとき、発生する気体は何cm³ですか。

(5) (4)で気体が発生し終わったとき、鉄は全部とけていますか。それとも残っていますか。とけていれば0g、残っていれば何g残っているかで答えなさい。

3 マグネシウムを塩酸の中に入れる実験をしました。いろいろな重さのマグネシウムを反応させて、発生した気体の体積〔cm³〕と反応させたマグネシウムの重さ〔g〕の関係をグラフにすると右図のようになりました。この実験で使った塩酸は120cm³でした。次の問いに答えなさい。なお、答えが割り切れない場合は、小数第2位を四捨五入して小数第1位まで求めなさい。

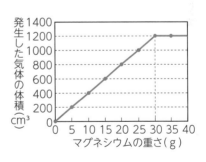

(1) この実験で発生した気体の名前を答えなさい。

(2) 最初、マグネシウムの重さをはかるのを忘れて120cm³の塩酸に入れてしまいました。すると、気体は800cm³発生しました。最初に入れたマグネシウムの重さは何gですか。

(3) 次に、同じ濃さの塩酸240cm³にマグネシウム30gを入れました。このとき発生した気体は何cm³ですか。

(4) (3)の実験のあと、さらに何g以上マグネシウムを入れたら気体が発生しなくなりますか。

大事な数値は表の中に必ずある？
―気体の発生の計算（表）―

- この中の数値だけを見て、それを使えばきっと答えまでたどり着く、と思ってしまう。
- 表のどこに注目するのかわからない。

例えばこんな場面で

これは計算しなきゃいけない問題だ。

いろいろな量の亜鉛に塩酸を加えて気体の発生量を調べました。次の表はその結果です。

表だ！数字がたくさんある。

試験管	A	B	C	D	E	F
亜鉛（g）	0.2	0.6	1.0	1.4	1.8	2.2
塩酸（cm³）	100	100	100	100	100	100
発生した気体の体積（cm³）	70	210	350	420	420	420

(1) この塩酸300cm³に、十分な量の亜鉛を入れました。発生した気体の体積は何cm³ですか。

(2) この塩酸300cm³に、亜鉛2.4gを入れました。発生した気体の体積は何cm³ですか。

(3) この塩酸150cm³に、亜鉛1.6gを入れました。発生した気体の体積は何cm³ですか。

大事な数値は何だろう。

📖 つまずき解消ポイント

☑ **まずは言葉の式を組み立てましょう！**

グラフのところでもやりましたね。まずは言葉の式をつくるのがポイントです。

☑ **比例の式になっていないところに注目！**

表が出てきたら要注意！規則的になっていないところに注目しましょう。

☑ **必要な数値すべてが必ず表の中にあるわけではなく、自分で探すことも！**

式をつくろうとすることで、自然と必要な数値がどれかわかってきます。

解き方

折れ曲がったところに注目すればよかったグラフとは異なり、今回の表は少し見ただけでは基準となる数値がわかりません。そこで、わかりやすいようにグラフにしてみます。
縦軸を気体の体積、横軸を亜鉛の量として、まず表に書いてある数字だけを書きこむと、右の

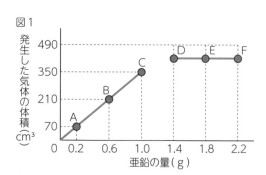

図1

図1のようになりますね。発生した気体は試験管A〜Cまでは規則的に増えています。

そして、試験管D～Fの間は「420」で同じです。

ここで注意！言葉の式をつくろうとしたときに、気体の体積が420で一定だからといって、試験管Dの数値を基準にしてはいけません。なぜなら、試験管A～Cの延長線上には試験管Dはありません。右の三角形を見ると、何となくイメージしやすいのではないでしょうか。

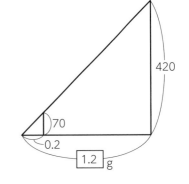

あとは算数でやっている相似を使えば良さそうですね。

相似比が70：420＝0.2： 1.2

よって、求めるものは、1.2gとわかりますね。

つまり、右の図2のような形になります。

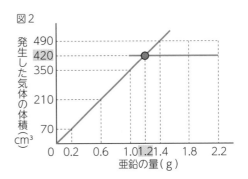

図2

また、右の図3のようにはならないことも、この機会に覚えておきましょう。

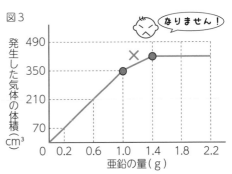

図3

なりません！

表にまとめると、以下のようになりますね。

試験管	A	B	×5 C	×7 D	E	F
亜鉛(g)	0.2	×3 0.6	1.0	1.4	1.8	2.2
塩酸(cm³)	100	100	100	100	100	100
発生した気体の体積(cm³)	70	×3 210	350	420	420	420

×5　×6

比例していない！

反応していない亜鉛があるので基準にしてはいけない

試験管	A	B	×5 C	×6 ★	D	E	F
亜鉛(g)	0.2	×3 0.6	1.0	1.2	1.4	1.8	2.2
塩酸(cm³)	100	100	100	100	100	100	100
発生した気体の体積(cm³)	70	×3 210	350	420	420	420	420

×5　×6

★ここが基準！かくれているので自分で見つけることが大事！

この例題の言葉の式は、下のようになります。

亜鉛 ＋ 塩酸 → 水素発生

| (1.2) g | 100 cm³ | 420 cm³ |

これ、実は6ページにある例題と同じですね。
（1）と（2）の問題まで同じなので、答えは（1）1260cm³、（2）840cm³ です。
解法は7ページを確認しましょう。

（3）ここまでくれば、あとは言葉の式を使って、数値を入れていくだけです。

亜鉛 ＋ 塩酸 → 水素発生

$\times\frac{4}{3}$ （1.2) g $\times\frac{3}{2}$ 100 cm³ $\times\frac{4}{3}$ 420cm³

小 1.6 g 150 cm³ □ cm³

亜鉛が $\frac{4}{3}$ 倍、塩酸が $\frac{3}{2}$ 倍になっていますね。ここで2つの数値を比べてみると、$\frac{4}{3}$ 倍の方が $\frac{3}{2}$ 倍よりも数値が小さいことがわかります。数値が大きい方 $\left(\frac{3}{2}倍\right)$ の塩酸が余るということですので、発生する水素の量は（数値の小さい）$\frac{4}{3}$ 倍となることがわかります。

$$420 \times \frac{4}{3} = 560cm^3$$

✎ **得意にするための1歩**

　今回の例題では、表の中に書いてある数値を参考にして、基準となる数値を自分で探すことがポイントでした。問題によっては表の数値がたまたま基準になることもありますが、**他と比べて何倍になっているか**、**規則正しく増えているのはどこまでか**、など注意して見ることが大事です。規則的になっていないところに注目して言葉の式をつくることができれば、あとは8ページと同じです。

　なお、たとえば2倍の濃さの塩酸を使う場合は、半分の量があれば同じ量の金属をとかすことができます。3倍の濃さの塩酸を使う場合、必要な塩酸の量は $\frac{1}{3}$ あればよいのです。ここまで理解できたら、あとは次のページにあるマスター問題で計算に慣れていきましょう。

1 同じ濃さの塩酸にアルミニウムのかけらを入れると、ある気体が発生しました。入れたアルミニウムのかけらの重さと塩酸の体積をいろいろと変え、発生した気体の体積を調べたところ、結果は次の表のようになりました。あとの問いに答えなさい。

	①	②	③	④	⑤	⑥	⑦
アルミニウムのかけら (g)	0.2	0.4	0.6	0.8	1.0	1.2	1.4
塩酸の体積 (cm³)	10	ア	30	40	50	50	50
発生した気体の体積 (cm³)	200	400	600	イ	1000	1000	ウ

(1) この実験で発生した気体の名前を答えなさい。

(2) 表のア、イ、ウ にあてはまる数字を答えなさい。

2 5本の試験管A〜Eに、アルミニウム片を0.5gずつ入れ、これらに同じ濃さの塩酸を、量を変えて加えました。このとき、それぞれの試験管から発生した気体の体積を調べると、次の表のような結果となりました。これについて、あとの問いに答えなさい。

試験管	A	B	C	D	E
アルミニウム (g)	0.5	0.5	0.5	0.5	0.5
塩酸 (cm³)	15	30	45	60	75
発生した気体の体積 (cm³)	300	600	900	1200	1200

(1) アルミニウム0.5gにこの塩酸20cm³を加えると、何cm³の気体が発生しますか。

(2) アルミニウム1.5gにこの塩酸を120cm³加えると、何cm³の気体が発生しますか。

3 6本の試験管A〜Fに、アルミニウム片を0.3gずつ入れ、これらに同じ濃さの塩酸を、量を変えて加えました。このとき、それぞれの試験管から発生した水素の体積を調べると、次の表のような結果となりました。これについて、あとの問いに答えなさい。

試験管	A	B	C	D	E	F
アルミニウム (g)	0.3	0.3	0.3	0.3	0.3	0.3
塩酸 (cm³)	5	10	15	20	25	30
発生した水素の体積 (cm³)	125	250	375	400	400	400

(1) アルミニウム0.3gを過不足なく反応させるには、この塩酸を何cm³加えるとよいですか。

(2) 塩酸80cm³を過不足なく反応させるには、アルミニウムを何g加えるとよいですか。

(3) アルミニウム0.8gにこの塩酸を40cm³加えると、何cm³の水素が発生しますか。

(4) この実験で用いた塩酸の4倍の濃さの塩酸を用意しました。アルミニウム9.0gを過不足なくとかすには、4倍の濃さの塩酸は何cm³必要ですか。

3 どんな気体を覚えればいいの？
―気体の発生と性質―

● 頭の中だけで考えようとして、よけいに時間がかかってしまう。
● よく出てくる気体の性質を覚えていない。

例えばこんな場面で

5種類の気体A～Eがあります。これらの気体は水素、二酸化炭素、ちっ素、アンモニア、酸素のどれかです。次の①～⑤の文を読み、あとの各問いに答えなさい。

どうやって整理したら…？

① 気体B・Cは空気より重かった。
② 気体Aは水によくとけた。
③ 気体A～Eに水でしめらせた青色および赤色リトマス紙を入れると、B・D・Eは両方ともに変化しなかった。
④ 気体A～Eに火をつけた木炭を入れると、気体Bの中では木炭がかがやいて燃えた。
⑤ 気体A～Eに火のついたろうそくを近づけると、気体Eは青い炎を出して燃えた。

長い…。

(1) A～Eの気体はそれぞれ何ですか。気体名を答えなさい。

(2) 鼻をつくようなにおいのする気体はどれですか。A～Eから選び、記号で答えなさい。

(3) 石灰水に通すとそれを白くにごらせる気体はどれですか。A～Eから選び、記号で答えなさい。

(4) 気体B・C・Eを実験室でつくるとき、どの物質とどの物質を反応させればよいですか。
次のア～クの中からそれぞれ2つずつ選び、記号で答えなさい。ただし、同じものを選んではいけません。

ア 塩酸	イ 水酸化ナトリウム水溶液	ウ アンモニア水	エ 過酸化水素水
オ 鉄	カ 二酸化マンガン	キ アルミニウム	ク 石灰石

(5) (4)で選んだ固体の物質で、反応後のようすが他の2つと異なるものがあります。
それはどれですか。(4)のオ～クの中から1つ選び、記号で答えなさい。

変化しない物質があったような…。

📖 つまずき解消ポイント

☑ まず覚えるべきことをきちんと覚えること！
よく出てくる重要な気体は、実はそんなに多くありません。

☑ 頭の中だけで整理できないときは表にしてみましょう！
表に自分でまとめることで、気づくこともあります。

☑ 他とちがう反応をするものは特に注意！
酸素の発生に出てくる「二酸化マンガン」には気をつけましょう。

解き方

（1）まずは表にしてみましょう。

	A	B	C	D	E
①空気より重い？		重い	重い		
②水にとける？	よくとけた				
③水溶性の性質		中性		中性	中性
④木炭		◎かがやく			
⑤ろうそく					○青い炎

　どうでしょうか。①を見るとB・Cは空気より重いので、二酸化炭素か酸素のどちらかだとわかりますね。そのうち③で中性になっているBが酸素です。酸素は水にほとんどとけませんので、水でしめらせたリトマス紙を入れても反応しません。しかし二酸化炭素は水に少しとけて酸性となります。ここで、B：酸素、C：二酸化炭素という答えが出ました。次に②を見ると、水によくとけているので、A：アンモニアとわかります。最後に、DとEは③では同じ結果ですが、⑤で異なってきます。残った「水素」と「ちっ素」のうち燃える気体は「水素」なので、E：水素、D：ちっ素となります。

　つまり、④で「火をつけた木炭がかがやいて燃えた」気体が酸素だということを知らなかったとしても、この問題は解けてしまうのです。もっともっと複雑な問題や、細かい知識が要求されているように感じる難（むずか）しそうな問題でも、このように一部を知らなくても解けることがあります。**まずは頭の中を整理して、自分ができるところから考えていくことが大事です。**

（2）アンモニアは刺激臭（しげきしゅう）がします。よって、答えはAです。

（3）石灰水に通すとそれを白くにごらせる気体は二酸化炭素です。よって、答えはCです。

（4）知識問題です。ただし同じものを選べないので、アの塩酸を2度使うことはできません。
　　Eでアとオを選んでしまうとCをつくることができないので、注意が必要です。
　　B：エとカ　　C：アとク　　E：イとキ

（5）アルミニウムや石灰石は水溶液と反応してとけますが、二酸化マンガンはとけません。**二酸化マンガンは過酸化水素水の分解を助けるはたらきで、それ自体は変化しない「触媒（しょくばい）」**と呼（よ）ばれるものでしたね。よって、答えはカとなります。

15

〈酸素〉

- 過酸化水素水（とう明の液体）に二酸化マンガン（黒い固体）を入れると発生する

※過酸化水素水の量は減って水と酸素に変わるが、二酸化マンガンは変化せずに重さも変わらない。つまり、気体の発生量に二酸化マンガンは関係ない！（マスター問題 3 で練習）

- 無色とう明、無臭
- 空気より重い（空気の約1.1倍）
- ものが燃えるのを助ける（助燃性がある）
- 植物が光合成をするときに出る

- 空気中に約21％含まれている
- 水にとけにくい→水上置換法で集める

- 動物や植物が呼吸をするときに使う

〈二酸化炭素〉

- 石灰石、卵の殻、チョーク、貝殻、大理石などの炭酸カルシウムに塩酸をかけると発生する
- 重そう、ベーキングパウダーなどの炭酸水素ナトリウムを熱すると発生する
- 無色とう明、無臭
- 空気中に約0.04％含まれている
- 空気より重い（空気の約1.5倍）
- 水に少しとける（二酸化炭素が水にとけたものを炭酸水といい、酸性を示す）
→ 水上置換法または下方置換法で集める
- 石灰水（水酸化カルシウム水溶液）を白くにごらせる
- 水酸化ナトリウム（水溶液）によく吸収される
- 植物が光合成をするときに使う
- 動物や植物が呼吸をするときに出る
- 地球温暖化の原因（温室効果ガスと呼ばれる）

〈水素〉

- 金・銀・銅などを除く金属に塩酸をかけると発生する　※くわしくは8ページを見ましょう
- 無色とう明、無臭
- 空気より軽い（空気の約0.07倍）→ 気体の中で一番軽い
- 水にとけにくい → 水上置換法で集める
- 火を近づけると「ポン」と音を出して燃え、水ができる

〈アンモニア〉

- 無色とう明、刺激臭がある
- 水にとてもよくとける → アンモニア水
- 空気より軽い（空気の約0.6倍）
- 水によくとけて空気より軽いので上方置換法で集める

〈塩化水素〉

- 無色とう明、刺激臭がある
- 水にとてもよくとける → 塩酸
- 空気より重い（空気の約1.3倍）
- 水によくとけて空気より重いので下方置換法で集める

※別冊3ページに塩素とちっ素の特徴もまとめています。答え合わせの際に確認しましょう。

1 酸素について、次の問いに答えなさい。

(1) 混ぜると酸素が発生する固体と液体を次から1つずつ選び、それぞれ記号で答えなさい。

固体：ア　アルミニウム　　イ　炭酸カルシウム　　ウ　二酸化マンガン　　エ　鉄

液体：オ　炭酸水　　カ　過酸化水素水　　キ　塩酸　　ク　アンモニア水

(2) 発生した酸素を集める方法として、最もふさわしいものを1つ選び、記号で答えなさい。

ア　上方置換法　　イ　下方置換法　　ウ　水上置換法

(3) 酸素の説明として正しいものには○、まちがっているものには×で答えなさい。

① 無色とう明の気体である。

② 鼻をさすにおいがある。

③ 空気の約0.8倍の重さがある。

④ 他のものが燃えるのを助けるはたらき（助燃性）がある。

2 二酸化炭素について、次の問いに答えなさい。

(1) 混ぜると二酸化炭素が発生する固体と液体を次から1つずつ選び、それぞれ記号で答えなさい。

固体：ア　アルミニウム　　イ　炭酸カルシウム　　ウ　二酸化マンガン　　エ　鉄

液体：オ　アルコール　　カ　過酸化水素水　　キ　塩酸　　ク　アンモニア水

(2) 発生した二酸化炭素を集める方法として、ふさわしくないものを1つ選び、記号で答えなさい。

ア　上方置換法　　イ　下方置換法　　ウ　水上置換法

(3) 二酸化炭素の性質として正しいものには○、まちがっているものには×で答えなさい。

① うすい黄色でとう明の気体である。

② 水にとけにくい。

③ 空気の約1.5倍の重さがある。

④ 石灰水に通すと、石灰水が白くにごる。

(4) 二酸化炭素が最もよくとける液体を次から1つ選び、記号で答えなさい。

ア　塩酸　　イ　食塩水　　ウ　砂糖水　　エ　水酸化ナトリウム水溶液

3 ある濃さの過酸化水素水50cm^3、二酸化マンガン0.2gを反応させると酸素が1.0L発生しました。このとき、(1)〜(3)で発生する酸素は何Lですか。

(1) 同じ濃さの過酸化水素水50cm^3、二酸化マンガン0.4g

(2) 同じ濃さの過酸化水素水100cm^3、二酸化マンガン0.2g

(3) 同じ濃さの過酸化水素水150cm^3、二酸化マンガン0.4g

4 何となく、で計算しがち……
—金属の燃焼—

- 同じようなパターンがあることを知らなくて、はじめに何をすればよいのかわからない。
- 燃焼のしくみを理解していない。

例えばこんな場面で

　図のような装置を使って、マグネシウムと銅の粉をそれぞれ完全に燃やしました。燃やす前の重さと、燃やしたあとにできた物質の重さをそれぞれ調べたところ、（表1）・（表2）のようになりました。これについて、あとの各問いに答えなさい。

表だ！数字がたくさんある。

これは計算しなきゃいけない問題だ。

（表1）

燃やす前のマグネシウムの重さ（g）	3	6	9
燃やしたあとにできた物質の重さ（g）	5	X	15

（表2）

燃やす前の銅の重さ（g）	4	8	12
燃やしたあとにできた物質の重さ（g）	5	10	15

(1) 表1の結果をグラフで表すとどのようになりますか。下から選び、記号で答えなさい。

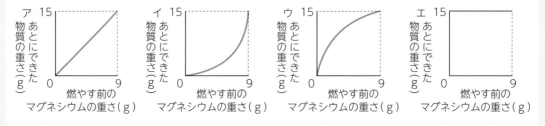

(2) 表1・表2のように、金属を燃やしたあとにできた物質が燃やす前よりも重くなるのは、金属が燃えたときにある物質Aと結びつくからです。物質Aは何ですか。言葉で答えなさい。

(3) 表1のXにあてはまる数字を答えなさい。

(4) 表2から、12gの銅の粉を完全に燃やしたとき、銅の粉と結びついた物質Aの重さは何gですか。数字で答えなさい。

(5) ある重さの銅を完全に燃やすと、25gになりました。燃やす前の銅の重さは何gでしたか。数字で答えなさい。

(6) 10gの銅の粉を燃やしたところ、熱し方が不十分だったため12gの固体が残りました。このとき、物質Aと結びつかなかった銅の粉の重さは何gですか。数字で答えなさい。

📖 つまずき解消ポイント

☑️ **まずは言葉の式を組み立てましょう！**

そろそろ覚えましたか？化学計算では、まず言葉の式をつくることが大切です。

☑️ **酸素が結びつくことで、金属は重くなります！**

燃焼とは、熱や光を出しながら、酸素と結びつくことをいいます。

☑️ **必要な数値が必ずすべて表の中にあるとは限りません！**

規則を見つけて計算で求めることもありましたね。

【解き方】

　　まずはこの実験について説明します。マグネシウムは燃焼する際に白っぽい光を出しながら酸素と結びついて酸化マグネシウム（白色）になります。また、銅の粉を熱すると酸素と結びつき、黒い酸化銅となります。燃焼すると酸素が結びつくので「酸化〇〇」という名前になります。

(1) <u>ア</u>　(2) <u>酸素</u>

　　銅が酸素と結びつく割合はずっと変わらないので、比例のグラフとなります。

(3) 表1について言葉の式をつくると式①、計算すると式②のようになります。

式①

マグネシウム	+	酸素	→	酸化マグネシウム
3g		g		5g

式②

マグネシウム	+	酸素	→	酸化マグネシウム
3g		2g		5g

あとは式②を使います。燃やす前のマグネシウムが6gという問題なので、それを言葉の式の下に書きます。

マグネシウム + 酸素 → 酸化マグネシウム

	3g		2g		5g
×2	6g	×2	4g	×2	10g

マグネシウムの重さが2倍になっているので、できる酸化マグネシウムの重さも2倍になります。5×2＝<u>10g</u>

ちなみに結びつく酸素の重さも2倍となり4gです。6＋4＝<u>10g</u>とも考えられますね。

(4) 表2を同じように言葉の式にしてみます。

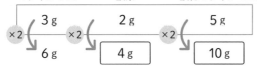

銅 + 酸素 → 酸化銅

	4g		1g		5g
×3	12g	×3	3g	×3	15g

銅が3倍になったので、反応する酸素も3倍になります。1×3＝<u>3g</u>

ちなみに酸化銅も3倍となり15gです。15－12＝<u>3g</u>とも考えることができますね。

(5) 銅についての問題なので、表2からつくった言葉の式を使います。

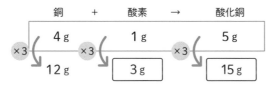

銅 + 酸素 → 酸化銅

	4g		1g		5g
×5	20g	×5	5g	×5	25g

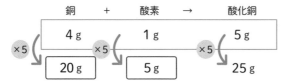

酸化銅が5倍になったので、反応する銅も5倍になります。4×5＝<u>20g</u>

ちなみに酸素も5倍となり、5gです。25－5＝<u>20g</u>と考えることもできますね。

(6) これは「熱し方が不十分」とあるので不完全燃焼の問題です。先ほどの言葉の式は完全燃焼したときの話です。このようなときは、まずは問題文通りに式をつくりましょう。

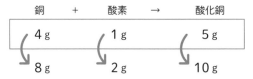

銅	＋	酸素	→	残った固体
10g		2g		12g

式をつくって計算すると、上のように2gの酸素が結びついたことがわかります。

銅	＋	酸素	→	酸化銅
4g		1g		5g
8g		2g		10g

銅と酸素の反応する割合が4：1なので、2gの酸素に反応する銅は8gです。

この問題では銅は最初10gあったので、10－8＝<u>2g</u>が未反応とわかりますね。

解き方をまとめると、右のようになります。

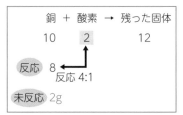

銅 ＋ 酸素 → 残った固体
10　2　12
反応　8
　　　反応 4:1
未反応　2g

また、この問題の意味を整理すると下のようになりますね。理解しておきましょう。

銅　　＋　酸素　→　残った固体
10g　　　2g　　　12g
(8g　＋　2g　→　10g（酸化銅）
  2g ──未反応──▶ 2g（反応していない銅）)

✎ **得意にするための1歩**

〈金属の燃え方〉

金属	マグネシウム	銅	鉄（スチールウール）
燃え方	<u>明るく白っぽい光を出して燃える</u>	<u>銅粉を熱すると炎を出さずにおだやかに変化する</u>	スチールウールを丸めて炎に近づけると、<u>パチパチと火花を出して燃える</u>
燃えたあと	白い粉（酸化マグネシウム）に変化する	黒い粉（酸化銅）に変化する	黒くなる（<u>酸化鉄に変化する</u>）

〈酸素の結びつき方〉

※必ずではありませんが、完全燃焼するとこのようになる問題が多いです。

マグネシウム：酸素：酸化マグネシウム
3	:	2	:	5

銅 ： 酸素 ： 酸化銅
4	:	1	:	5

1 マグネシウムと銅の粉末を、異なる金属製の皿に入れ、それぞれよくかき混ぜながら、図1のようにガスバーナーで十分に加熱しました。マグネシウムはまぶしい光を出して燃え、あとには酸化マグネシウムの白い粉末が残りました。銅は光を出さず、黒い酸化銅になりました。マグネシウムと銅の重

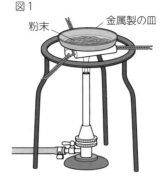

図1

粉末　　金属製の皿

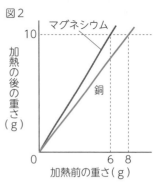

図2

マグネシウム

銅

加熱の後の重さ（g）

加熱前の重さ（g）

さをいろいろ変化させ、生じた酸化マグネシウム、酸化銅の重さとの関係を調べたところ、図2のグラフのようになりました。この図を見て、次の問いに答えなさい。

(1) 銅12gを加熱して酸化銅をつくると、重さは何gになりますか。

(2) 酸化マグネシウム20gをつくるのに、マグネシウムは何g必要ですか。

2 図1のように、ステンレス皿に鉄または銅の粉をそれぞれ重さを変えて入れ、十分に熱したあとの重さをはかりました。グラフは、この結果をまとめたものです。これについて、次の問いに答えなさい。

図1

ステンレスの皿　　鉄または銅の粉

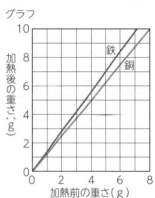

グラフ

鉄

銅

加熱後の重さ（g）

加熱前の重さ（g）

(1) 銅を熱したときのようすとして、適当なものを下から選び、記号で答えなさい。

　　ア　明るく白っぽい光を出して燃える。

　　イ　炎を出さずに、おだやかに変化する。

　　ウ　青白い炎を出して燃える。

　　エ　パチパチと火花を出して燃える。

(2) 鉄や銅を熱したあと、それぞれの粉はどのような色になっていますか。その組み合わせとして正しいものを下から選び、記号で答えなさい。

　　ア　鉄は赤、銅は黒　　　　　　　　イ　鉄は黒、銅は黒

　　ウ　鉄は赤、銅は赤　　　　　　　　エ　鉄は黒、銅は赤

(3) グラフのように、鉄や銅を熱すると重くなるのは、何という物質が結びつくからですか。言葉で答えなさい。

(4) 15gの鉄を十分に熱すると、何gになりますか。数字で答えなさい。

(5) 鉄1gを熱したとき、(3)で答えた物質は何g結びつきますか。また、銅1gの場合は何g結びつきますか。それぞれ数字で答えなさい。

(6) 鉄と銅が混ざったもの20gを十分に熱したところ、26.2gになりました。熱する前の粉の中には鉄は何g含まれていましたか。数字で答えなさい。

5 意外と知らない「ろうそく」のこと
―ろうそくの燃焼―

- ●ろうそくは、炎が3つの部分に分かれて燃えていることを知らない。
- ●燃焼の3条件を覚えていない。

例えばこんな場面で

　ろうそくについて考えてみましょう。ろうそくは、どうして燃えるのでしょうか。まず、固体のろうが熱せられてとけ、液体のろうになります。液体のろうは、しんをつたわってのぼり、蒸発して気体のろうになることで燃えるのです。次の問いに答えなさい。

(1) ものが燃えるためには、燃えるものの
他に何が必要でしょうか。下のア〜カ
の中からすべて選び、記号で答えなさい。

燃焼にはいくつか
条件があったような…。

　ア　鉄　　イ　高い温度　　ウ　お湯　　エ　紙　　オ　炭　　カ　空気

(2) 右の図の1〜3の部分で一番温度が高い
のはどこですか。番号で答えなさい。

一番温度が高い？
どこも同じじゃないの？

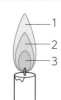

(3) 右の図のように水でしめらせた木をろうそくの炎の中に入れると、
黒くこげた部分がありました。こげた部分を正しく表しているのは
どれですか。下の1〜4の中から1つ選び、番号で答えなさい。

こげる？炎の中に入れたら
どこもこげるんじゃないの？

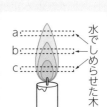

水でしめらせた木

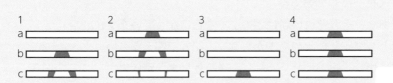

(4) 右の図のように、入れ物の中でろうそくに火をつけて、すぐにすき
間のないようにふたをしました。しばらくすると、ろうそくの炎は
消えました。ろうそくの炎が消えたあとの入れ物全体の重さは、ろ
うそくに火をつけてふたをしたときからどう変化しましたか。正し
いものを下の1〜3の中から1つ選び、番号で答えなさい。

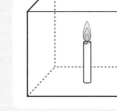

　1　軽くなる　　　2　重くなる　　　3　変わらない

📖 つまずき解消ポイント

☑ **燃焼の3条件を覚えましょう！**
　燃焼するためには、<u>燃えるもの・酸素・発火点以上の温度</u>の3つが必要です。

☑ **ろうそくについて、3つの部分の特徴（とくちょう）を覚えましょう！**
　3つの部分とは、<u>外炎（がいえん）・内炎（ないえん）・炎心（えんしん）</u>です。

☑ **酸素が結びつくことで、結びついたものは重くなります！**
　酸素を含（ふく）めて、空気には重さがあります。

（解き方）

(1) <u>イ・カ</u>　(2) <u>1</u>　(3) <u>2</u>　(4) <u>3</u>

　まずは「燃える」ということについて説明します。ものが燃えるということは、大きく分けて2つあります。1つ目は、**「燃焼」**。燃焼とは、熱や光を出しながら、酸素と結びつくことをいいます。2つ目は、**「さび」**のこと。燃えるということに結びつかないような気がするかもしれないけど、これも酸素とくっついて、ものが燃えているということの一種です。ただ、燃焼とはちがいますね。たとえばビルや家のある部分がさびたときに光を出したりしないですよね。

燃焼の3条件

① 　燃えるものがあること。

② 　（燃えるために十分な）酸素があること。

③ 　発火点以上の温度があること。

※この中の1つでも失ってしまうと、炎は消えます。

ものが熱や光を出しながら燃えるためには、3つとも必要です。

次に、ろうそくについて説明します。

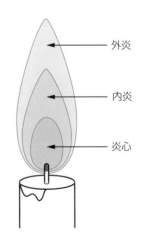

外炎

内炎

炎心

外炎　**最も温度が高い**。外炎は、最も空気にふれていますよね。酸素に十分にふれることができるので、完全に酸素と結びつくことができます。このような燃焼の仕方を<u>完全燃焼</u>といいます。このとき<u>二酸化炭素</u>が発生します。二酸化炭素が発生したことは、**石灰水（せっかいすい）が白くにごる**ことで確かめられます。

内炎　**最も明るい**。ろうには<u>炭素と水素</u>が含まれています。炭素は燃えると二酸化炭素になり、水素は燃えると水になります。内炎では、酸素が十分にないので<u>不完全燃焼</u>をしています。そして、二酸化炭素になる前の炭素のつぶ（すす）が熱せられて光っているのです。また、炭素のつぶがたくさんあるのだから、**ろうそくに光を当てたときに影（かげ）ができます**。

炎心　ろうが液体から気体になるところです。**最も暗く、最も温度が低い**です。

では、下の図の矢印の部分にわりばしやガラス棒を入れてみましょう。
どのようなことが観察できるでしょう。

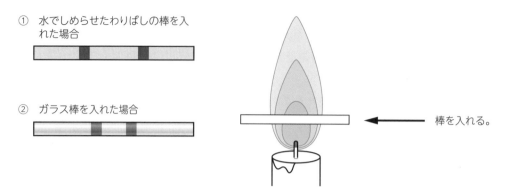

① 水でしめらせたわりばしの棒を入れた場合

② ガラス棒を入れた場合

棒を入れる。

①は、**外炎の部分が黒くなっています**。わりばしは木なので、黒くなっている部分はこげてしまった部分です。ものがこげるのは温度が高い場所。だから外炎の部分に入っていたわりばしは、**こげて黒くなっています**。

②は、**内炎の部分が黒くなっています**。ただし、この黒くなる部分は、こげているわけではありません。ガラスだから、こげたりはしないですよね。これは、**炭素がついているから黒くなっている**のです。これが、す̇す̇です。どうして内炎の部分にあるかは、さっき内炎が一番明るい理由の話をしたから大丈夫ですよね。

また、ガラス棒で実験をしたとき、**炎心の部分に白い物がつく**こともあります。これは、ろうの気体が冷えて、固体になったものです。

（4）ふたをしていたら、入れ物全体の重さは変わりません。答えは<u>3</u>。

📎 **得意にするための1歩**

〈ろうそくから出てくるけむり〉

　右の図のように炎心・外炎・内炎に、ガラス管を入れてみます。

炎心から白いけむりが出てきました。さて、このけむりの正体は何でしょう。

炎心の部分は、ろうの気体があった場所ですよね。**このけむりの正体はろうです**。でも、「このけむりの正体はろうの気体！」と答えるとまちがいになってしまいます。気体は基本的には目に見えません。このけむりは、気体になっていたろうが冷やされて、液体や固体に戻ったものです。このけむりは、「ろう」なので火をつけると燃えます。

このガラス管を外炎に入れても、何も出てきません。
内炎に入れたら、黒いけむりが出てきます。この正体は、炭素のつぶです。

1 ろうそくの燃え方について、次の問いに答えなさい。

(1) 右の図のA、B、Cは何といいますか。

　　ア　外炎　　イ　内炎　　ウ　炎心

(2) 右の図のD、E、Fは、ろうの固体、液体、気体のどれですか。

　　ア　ろうの気体　　イ　ろうの固体　　ウ　ろうの液体

(3) 完全燃焼しているのはどこですか。

　　ア　外炎　　イ　内炎　　ウ　炎心

(4) 最も明るいところはどこですか。

　　ア　外炎　　イ　内炎　　ウ　炎心

(5) 温度の高いところはどこですか。

　　ア　外炎　　イ　内炎　　ウ　炎心

(6) 最も温度の低いところはどこですか。

　　ア　外炎　　イ　内炎　　ウ　炎心

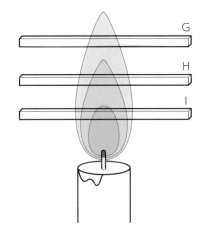

(7) 右図のように、ろうそくの炎に水でしめらせたG、H、Ⅰのわりばしを差しこんで、少しして引き出すとどうなりますか。次のア〜エより選び、それぞれ記号で答えなさい。

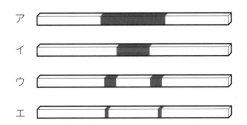

(8) 右図のように、ろうそくの炎にJ、K、Lのガラス管を差しこみました。どういうけむりが出ますか。次から選び、それぞれ記号で答えなさい。

　　ア　完全燃焼していて、すすは少ないので、けむりはほとんど出ない。

　　イ　ろうの気体が急に冷やされたため、ろうの液体や固体が白いつぶになったけむりが出る。

　　ウ　不完全燃焼しているため、すすを含んだ黒い気体が出る。

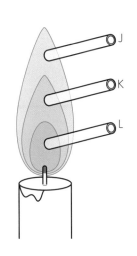

(9) 火をつけて燃えるのは、J、K、Lのどのガラス管から出る気体ですか。

(10)炎を出して燃えているろうそくに光を当てて影ができるのは、炎のどこの部分ですか。

　　ア　外炎　　イ　内炎　　ウ　炎心

6 少し形がちがうグラフ、解き方は同じ？
―中和反応―

こんなつまずきありませんか？

- グラフの形が少しでもちがうと、難しくてできないと思ってしまう。
- グラフや文章のどこに注目するのかわからない。

例えばこんな場面で

ある濃さの塩酸と水酸化ナトリウム水溶液を使って、〈実験1〉・〈実験2〉を行いました。これについて、次の問いに答えなさい。

何か見たことあるようなグラフだなぁ。いや、似てるけどちがうな。

〈実験1〉 水酸化ナトリウム水溶液をいくつかのビーカーに30cm³ずつ入れて、それぞれに塩酸を量を変えて加え、よくかき混ぜた。このあと、それぞれのビーカーの中の液を蒸発皿にすべてとり、水分を蒸発させて残った固体の重さを調べた。加えた塩酸の体積と残った固体の重さとの関係をまとめると、グラフ1のようになった。

〈実験2〉 〈実験1〉で使ったものと同じ濃さの塩酸をいくつかのビーカーに一定量ずつ入れ、それぞれに水酸化ナトリウム水溶液を、量を変えて加え、よくかき混ぜた。このあと、それぞれのビーカーの中の液を蒸発皿にすべてとり、水分を蒸発させて残った固体の重さを調べた。加えた水酸化ナトリウム水溶液の体積と残った固体の重さとの関係をまとめると、グラフ2のようになった。

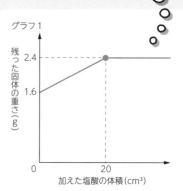

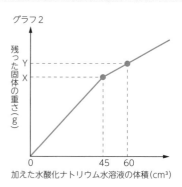

(1) グラフ1から、この水酸化ナトリウム水溶液30cm³を完全中和するには、塩酸を何cm³加える必要があることがわかりますか。

(2) グラフ1から、この水酸化ナトリウム水溶液30cm³には、水酸化ナトリウムが何gとけていることがわかりますか。

(3) 〈実験2〉で使った塩酸の量は何cm³ですか。

(4) グラフ2のX・Yの値はいくつですか。

📖 つまずき解消ポイント

☑ **まずは言葉の式を組み立てましょう！**
忘れたとは言わせません！まずは言葉の式をつくることがポイントです。

☑ **グラフの折れ曲がったところに注目！**
こちらも復習です。グラフは折れ曲がったところに注目しましょう。

☑ **必要な数値はすべてがグラフの中にあるわけではなく、文章中にもある！**
またまた復習。式をつくろうとすることで、自然と必要な数値がどれかわかってきます。

解き方

　ここまで学習してきた化学計算の解き方と基本的には同じです。まずは言葉の式をつくりましょう。

グラフ1では、塩酸20cm^{3}と残った固体2.4gのところが折れ曲がっていますね。すると、下の式①のようになり、水酸ナトリウム水溶液の数値が必要なことに気づくはずです。

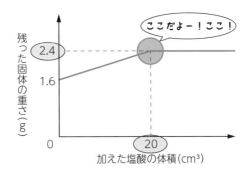

水酸化ナトリウム水溶液の量については問題文3〜4行目に「ビーカーに**30cm^3**ずつ入れて」と書いてありますね！　よって下の式②が完成するので、あとはこれを使うだけ！

式①

塩酸	＋	水酸化ナトリウム水溶液	→	固体
20 cm^3		cm^3		2.4 g

式②

塩酸	＋	水酸化ナトリウム水溶液	→	固体
20 cm^3		30 cm^3		2.4 g

なお、塩酸と水酸化ナトリウム水溶液を混ぜると、食塩と水ができましたね。酸性（さんせい）の水溶液とアルカリ性の水溶液を混ぜると、お互い（たが）いの性質を弱め合うはたらきが起こりました。

これを、**中和**といいましたね。

(1) 折れ曲がったところに注目すると、塩酸は<u>20cm^3</u>ですね。

(2) 水酸化ナトリウム水溶液は、水に水酸化ナトリウムという白い固体がとけたものです。塩酸を加えないとき、水酸化ナトリウムだけの重さがわかります。答えは<u>1.6g</u>

(3) 実験2では、実験1と同じ塩酸を使用しています。

つまり、ちょうど反応していることを表す部分（図で折れ曲がっている部分）で言葉の式をつくったとき、同じものになるはずです。先ほどつくった式②の下に、グラフ2で折れ曲がった部分の水酸化ナトリウム水溶液45cm^{3}を書いてから考えましょう。

水酸化ナトリウム水溶液は$\frac{3}{2}$倍になっているので塩酸も$\frac{3}{2}$倍になります。20×$\frac{3}{2}$＝<u>30cm^3</u>

(4) Xは（3）の固体の部分です。2.4×$\frac{3}{2}$＝<u>3.6g</u>

Yは、Xに水酸化ナトリウム水溶液を15cm^{3}加えたものですね。つまり、中和によってできた食塩水（3.6g）に水酸化ナトリウム水溶液15cm^{3}に含（ふく）まれる水酸化ナトリウムの重さを足したものが答えになります。（2）で水酸化ナトリウム水溶液30cm^{3}に1.6gの固体がとけているということがわかっているので、15cm^{3}には1.6×$\frac{1}{2}$＝0.8gの水酸化ナトリウムの固体がとけていることがわかります。よって、Yは3.6＋0.8＝<u>4.4g</u>となります。

なお、Yについてはグラフ2で作成した言葉の式を使うと右のようになりますね。小さい方に合わせて、大きい方（余る方）が水酸化ナトリウム水溶液のときは固体の方に忘れずに足しましょう。

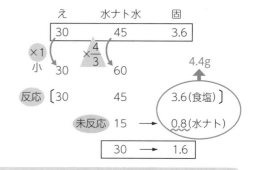

得意にするための1歩

〈中和反応のグラフ〉 ※注目すべきところは折れ曲がっているところ。そこで完全中和しています。

○固体の重さ（塩酸に水酸化ナトリウム水溶液を加えていく実験）

- 注目すべきところは折れ曲がっているところ→そこで完全中和しています。
- 実験をはじめたとき（水酸化ナトリウム水溶液を注いだ量が0cm³のとき）は、中にとけているのは塩化水素だけ→とけている固体の量は0g。
- 水酸化ナトリウム水溶液を注いでいる間は、塩酸と水酸化ナトリウム水溶液が反応して食塩が発生しています。
- 完全中和したあとは、食塩水に水酸化ナトリウム水溶液を注いでいることになります。
- 完全中和する前の水溶液を蒸発させると、残った固体はすべて食塩。けれども、完全中和したあとの水溶液を蒸発させると、残った固体は食塩と水酸化ナトリウムが混ざったものになります。

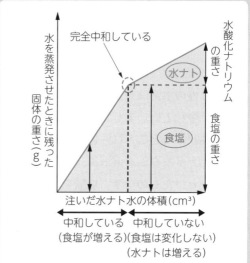

○固体の重さ（水酸化ナトリウム水溶液に塩酸を加えていく実験）

- 折れ曲がったところで完全中和するのは同じです。
- 完全中和するまでは、水にとけている水酸化ナトリウムと塩化水素が中和してどんどん食塩が増えていきます。
- 完全中和したあとは、食塩水に塩酸を加えていく状態と同じです。
- 完全中和したあとには固体の量が増えていません。
- 水溶液の中の水酸化ナトリウムの量は、塩酸を注いでいくにつれて減っていき、完全中和したときに完全になくなっています。

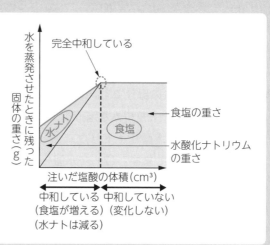

28

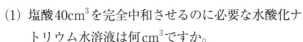
1 塩酸と水酸化ナトリウム水溶液をいろいろな割合で混ぜて完全中和させました。右のグラフはこのとき用いた塩酸と水酸化ナトリウム水溶液の体積の関係を表したものです。これについて、次の問いに答えなさい。

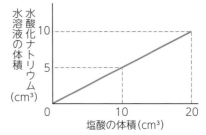

(1) 塩酸40cm³を完全中和させるのに必要な水酸化ナトリウム水溶液は何cm³ですか。

(2) 水酸化ナトリウム水溶液15cm³を完全中和させるのに必要な塩酸は何cm³ですか。

2 下の表は12cm³の水酸化ナトリウム水溶液にいろいろな量の塩酸を加え、加熱し、水分を蒸発させたときに残った食塩の重さを表したものです。

加えた塩酸(cm³)	5	10	15	20	25
食塩の重さ(g)	0.4	0.8	1.2	1.2	1.2

(1) 表の結果を右のグラフに表しなさい。

(2) 24cm³の水酸化ナトリウム水溶液とちょうど反応する塩酸の量と、そのときにできる食塩の重さを求めなさい。

(3) 45cm³の塩酸とちょうど反応する水酸化ナトリウム水溶液の量と、そのときにできる食塩の重さを求めなさい。

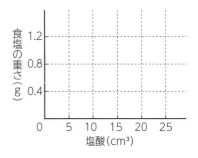

3 A～Fの6つの蒸発皿にうすい塩酸を50cm³ずつ取ります。それぞれに水酸化ナトリウム水溶液をAに10cm³、Bに20cm³、Cに30cm³、Dに40cm³、Eに50cm³、Fに60cm³加えました。その後、加熱して水を蒸発させ、残った固体の重さをはかったところ、下のグラフのようになりました。これについて、次の問いに答えなさい。

(1) 蒸発皿A、C、Dに残った固体はどんな物質が何gずつ残っていますか。

(2) A～Fの蒸発皿のうち、加熱する前にフェノールフタレイン液が赤に変化するものはいくつありますか。数字で答えなさい。

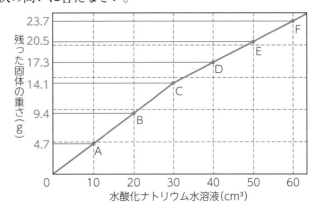

(3) 塩酸150cm³と水酸化ナトリウム水溶液60cm³を混ぜた後、加熱して水を蒸発させると何gの固体が残りますか。

(4) 50cm³の塩酸に55cm³の水酸化ナトリウム水溶液を加えて水を蒸発させると何gの固体が残りますか。

7

水の量を意識しなくて大丈夫?
—溶解度—

- 気体発生や中和の計算と同じだと思っていて、ちがいを理解していない。
- 何gの水にとけているのか、毎回必ず確認するべきなのだと知らない。

例えばこんな場面で

下の表は、100gの水にとける食塩とホウ酸の重さと温度との関係を表したものです。
次の問いに答えなさい。

数字がいっぱい!小数もたくさんあるし難しそうだなー。

表:溶解度

温度(℃) 溶質(g)	0	20	40	60	80	100
食塩	35.6	35.8	36.3	37.1	38.0	39.3
ホウ酸	2.8	4.9	8.9	14.9	23.5	38.0

隣の数字と比べてみても規則のようなものは見つからないなぁ。

(1) 80℃の水100gに食塩とホウ酸を30.0gずつ入れてよくかき混ぜるとどうなりますか。次から1つ選び、記号で答えなさい。ただし、他の物質が水にとけていたとしても、とける限度量は変わらないものとします。
 ア ホウ酸はすべてとけるが、食塩はとけ残る。
 イ 食塩はすべてとけるが、ホウ酸はとけ残る。
 ウ ホウ酸も食塩もとけ残る。

(2) (1)でとけ残ったものを取りのぞいて、水温を40℃まで下げるとき、結晶が出るのは食塩とホウ酸のどちらですか。また、その結晶の重さは何gですか。

(3) 60℃の水100gにとけるだけホウ酸をとかしました。その後20℃まで温度を下げると、何gのホウ酸がとけきれずに出てきますか。

(4) 200gの水に食塩を10.0gとかしました。このあと温度を80℃まで上げると、あと何g食塩をとかすことができますか。

(5) 80℃の水150gにホウ酸をとけるだけとかしました。このあと温度を40℃まで下げると、何gのホウ酸がとけきれずに出てきますか。

📖 つまずき解消ポイント

☑ 溶解度の意味を理解しましょう!

 溶解度とは「一定の量の水に物質がどのくらいまでとけるのか」という量のことです。

☑ 溶解度の問題は、液体や物質がいくつも複雑に出てきません!

 塩酸や水酸化ナトリウム水溶液などを混ぜる話ではなく「水にとける」という話です。

☑ 何gの水にとけているのか、文章や表、グラフなどを必ず確認しましょう!

 水100gにとけている問題が多いですが、必ずそう決まっているわけではありません。

解き方

（1）表から、80℃の水100gには、ホウ酸が23.5gまでしかとけないことがわかります。
　　よって、ホウ酸を30.0g入れると、とけ残ります。また、食塩は38.0gまでとけるので、食塩を30.0g入れると、すべてとけきれます。よって答えは、<u>イ</u>。

（2）ホウ酸は、80℃の水100gに23.5gとけていましたが、40℃まで下げると、8.9gまでしかとけなくなってしまいます。だから、23.5 − 8.9 = <u>14.6gのホウ酸</u>の結晶が出てきます。食塩は、40℃まで下げても36.3gまでとけます。つまり、とけ残りはないということですね。

（3）ホウ酸は、60℃の水100gに14.9gとけていましたが、20℃まで下げると、4.9gまでしかとけなくなってしまいます。だから、14.9 − 4.9 = <u>10.0g</u>の結晶が出てきます。

（4）この問題は「**水が200g**」ということに注意してください。
　　水の量が多い方が、物質をたくさんとかすことができます。食塩は、80℃の水100gに38.0gまでとけます。水が200gということは、38.0gの2倍の38.0 × 2 = 76.0gまでとけることになります。よって76.0 − 10.0 = <u>66.0g</u>

（5）この問題は「**水が150g**」ということに注意してください。
　　ホウ酸は、80℃の水100gに23.5gまでとけます。水が150gなので、$23.5 × \frac{3}{2} = 35.25$gまでとけることになります。また、40℃まで下げると、$8.9 × \frac{3}{2} = 13.35$gまでとけます。
　　よって35.25 − 13.35 = <u>21.9g</u>

【（5）の別解】もし、水が100gだとすると、23.5 − 8.9 = 14.6gの結晶が出てきます。
　　水の量が$\frac{3}{2}$倍なので、$14.6 × \frac{3}{2} = $<u>21.9g</u>
　　計算が少なくて、こちらの方がシンプルですね！

〈もののとけ方〉　大きく分けて3種類あります。

- 氷がとける：固体が液体に"変身する"イメージ
- 食塩が水にとける：食塩が水と水のつぶの間で"かくれんぼ"しているイメージ
- アルミニウムが塩酸にとける：別のもの（塩化アルミニウム）ができる、"合体"のイメージ

〈水にとけた液体〉

- とう明になる　※無色とはちがう（色がついていてもよい）。
- どこも濃さが同じになる
- 時間が経っても、とけたものが沈殿（ちんでん）しない

〈物質によるとけ方のちがい〉

- ホウ酸　水の温度が上がるととける量がかなり増える（水にとけるとホウ酸水）
- 食塩　　水の温度が上がってもとける量があまり変わらない（水にとけると食塩水）
- 砂糖（さとう）　水にとける量がとても多い（水にとけると砂糖水）

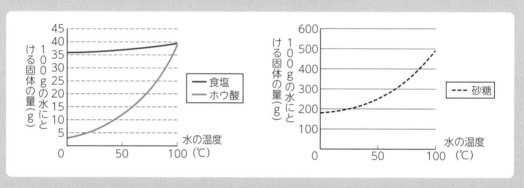

〈固体・液体・気体のとけ方〉

- 固体　基本的に水の温度が上がるととける量が増える
（例外：水酸化カルシウム（消石灰（しょうせっかい））は水の温度が上がると、とける量が減る）
- 液体　油のように水とまったく混ざらないものやアルコールのように限度なくとけるものもある
- 気体　水の温度が上がるととける量が減る

〈結晶の形〉

- **食塩**の結晶　立方体のような形。立方体の正方形の中に正方形の模様（もよう）がたくさん入っている。
- **ホウ酸**の結晶　上から見ると六角形に見えるような形。
- **ミョウバン**の結晶　正八面体（同じ大きさの正三角形8枚からできている立体）のような形。
- **硫酸銅**（りゅうさんどう）の結晶　上から見ると平行四辺形に見えるような形。きれいな青い色。

食塩の結晶　ホウ酸の結晶　ミョウバンの結晶　硫酸銅の結晶

☞答えは別冊6ページ

1 右の100gの水にとける溶解度のグラフを見て、次の問いに答えなさい。

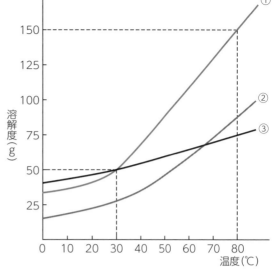

(1) 20℃の水100gに①〜③をとかすとき、最も多くとけるものはどれですか。①〜③より選び、番号で答えなさい。

(2) 80℃の水100gに①〜③をとけるだけとかした液があります。これを20℃まで冷やしたとき、最もたくさん結晶が出てくるのはどれですか。①〜③より選び、番号で答えなさい。

(3) 80℃で①をとけるだけとかした水溶液100gの中には、①は何g入っていますか。数字で答えなさい。

2 40℃の水100gに、8.9gのホウ酸がとけて飽和水溶液になっています。
同じ濃さの飽和水溶液100gをつくるとすると、ホウ酸は何gとかすことになりますか。
割り切れないときは、小数第2位を四捨五入して答えなさい。

3 下の表は、100gの水にとける食塩とホウ酸の重さと温度との関係を表したものです。

溶質（g） 温度（℃）	0	20	40	60	80	100
食塩	35.6	35.8	36.3	37.1	38.0	39.3
ホウ酸	2.8	4.9	8.9	14.9	23.5	38.0

(1) 80℃の水100gに食塩とホウ酸をとけるだけとかしたあとで水温を40℃に下げました。結晶は合計で何g出てきますか。数字で答えなさい。ただし、2種類の物質が混じっていても、それぞれの物質の溶解度は変わらないものとします。

(2) 60℃の水100gにとけるだけのホウ酸をとかしました。この水溶液の濃さは何%ですか。小数第1位を四捨五入して整数で答えなさい。

(3) (2)の水溶液を20℃まで冷ましたとき、水溶液の濃さは何%になりますか。小数第2位を四捨五入して、小数第1位まで答えなさい。

(4) 食塩とホウ酸の結晶はどのような形をしていますか。次から選び、それぞれ記号で答えなさい。

　ア　　　　イ　　　　ウ　　　　エ　　　　オ

8

水溶液や指示薬を正しく覚えていない……
―水溶液の性質―

● 頭の中だけで考えようとして、よけいに時間がかかってしまう。

● 水素や二酸化炭素が発生するものについて覚えていない。

例えばこんな場面で

5つのビーカーには、それぞれ種類の異なる水溶液A〜Eが入っています。これらの水溶液を使って次のような実験①〜④を行いました。これをもとに、次の各問いに答えなさい。

たくさんあって読むのが面倒くさいなぁ。

A　　　　　B　　　　　C　　　　　D　　　　　E

実験①：それぞれの水溶液を赤色リトマス紙につけると、青く変化したのはAとCとEで、BとDは赤色のままでした。

実験②：それぞれの水溶液を少しずつ蒸発皿にとってガスバーナーで加熱すると、AとCとDには白いものが残り、BとEは何も残りませんでした。

実験③：ストローを使ってそれぞれの水溶液に息をふきこむと、Aだけが白くにごり、他は変化が見られませんでした。

実験④：水溶液BとCに　　1　　を加えると、どちらからも水素が発生しました。

(1) 水溶液A〜Eは、それぞれ次のア〜オのどれかをとかしたものです。
A〜Eにとけているものは何ですか。次のア〜オからそれぞれ1つずつ選び、記号で答えなさい。

　　ア　食塩　　　　　　　　イ　塩化水素　　　　　　ウ　アンモニア
　　エ　水酸化カルシウム　　オ　水酸化ナトリウム

頭の中で整理ができない…。

(2) 上の文中の　　1　　には何が入りますか。最も適するものを次のア〜オから1つ選び、記号で答えなさい。

　　ア　銅　　　イ　鉄　　　ウ　石灰石　　　エ　アルミニウム　　　オ　二酸化マンガン

📖 つまずき解消ポイント

☑️ **まずは覚えることをきちんと覚える！**
よく出てくる重要な水溶液や指示薬はそんなに多くありません。

☑️ **水溶液と、金属や石灰石との関係は大切です！**
水素や二酸化炭素の発生はよく問題で出てきますので、確認しておきましょう。

☑️ **頭の中だけで整理できないときは表にしてみる！**
自分で書くことで、気づくこともあります。

解き方

(1) まずは表にしてみましょう。

	ウか**エ**かオ	**ア**か**イ**	ウか**エ**か**オ**	**ア**かイ	**ウ**かエかお
	A	B	C	D	E
① 水溶液の性質	アルカリ性	酸性か中性	アルカリ性	酸性か中性	アルカリ性
② 加熱したあと	白い固体	×	白い固体	白い固体	×
③ 二酸化炭素	白くにごる	×	×	×	×
④ 水素発生		○	○		

どうでしょうか。まずは水溶液がアルカリ性のものを確認しましょう。この中でアルカリ性になるものは、ウ：アンモニア、エ：水酸化カルシウム、オ：水酸化ナトリウムの3つです。アンモニアはアルカリ性になると知っていてほしいのですが、他に「水酸化」と名前についているものもアルカリ性になります。それではAから見ていきましょう。③二酸化炭素で白くにごるのは、石灰水ですね。石灰水は水酸化カルシウム水溶液のことです。水に消石灰（水酸化カルシウム）がとけてできる液体です。

よって、A：エとなります。他のアルカリ性の水溶液を見ると、水酸化ナトリウムは白い固体なので、C：オ、アンモニアは気体なので②で加熱しても何も残りませんね。よって、E：ウ。残ったのはBとD。食塩（白い固体）、塩化水素（気体）なので、D：ア　B：イとなります。なお、塩化水素が水にとけたものを塩酸といいましたね。

(2) エ　水素が発生するのは下の表でしたね。ここで再度確認しておきましょう。

	アルミニウム	亜鉛	鉄	銅
塩酸	○	○	○	×
水酸化ナトリウム水溶液	○	※△	×	×

※水酸化ナトリウム水溶液の温度と濃さが十分に高ければ亜鉛も反応して水素が発生します。

また、石灰石（や炭酸カルシウム、卵の殻、チョーク、貝殻、大理石など）に塩酸をかけると二酸化炭素が発生するのでしたね。まちがえてウを選ばないように気をつけましょう。

得意にするための1歩

〈溶質による分類〉

溶質というのは液体にとかすもののことです。

気体	液体	固体
炭酸水（二酸化炭素）、アンモニア水（アンモニア）、塩酸（塩化水素）	アルコール水（アルコール）、酢酸水溶液（酢酸）	食塩水（食塩）などたくさんある

〈水が蒸発した後に残るものによる分類〉

気体・液体	固体
熱したら何も残らない	熱したら白い固体が残る（例外：熱したら砂糖は黒い固体が残る）

〈電気を通すかどうかによる分類〉

水にとかしたときに電気を通すものを**電解質**（でんかいしつ）、電気を通さないものを**非電解質**（ひでんかいしつ）といいます。

電解質水溶液	非電解質水溶液
酸性、アルカリ性、食塩水	砂糖水やアルコール水など主に中性の水溶液（食塩水を除く）

〈水溶液の性質〉

水溶液の性質	酸性		中性	アルカリ性	
水溶液	塩酸、硫酸（りゅうさん）、硝酸（しょうさん）ホウ酸水、酢酸、炭酸水、レモン汁など		食塩水、砂糖水、アルコール水など	水酸化ナトリウム水溶液、アンモニア水、石灰水、重そう水、石けん水など	
赤色リトマス紙	変化しない（赤色→赤色）		変化しない（赤色→赤色）	赤色→青色	
青色リトマス紙	青色→赤色		変化しない（青色→青色）	変化しない（青色→青色）	
BTB溶液	黄色		緑色	青色	
フェノールフタレイン液	無色		無色	赤色	
ムラサキキャベツ液	赤色	ピンク色	紫色（むらさき）	緑色	黄色

〈必ず覚えてほしい水溶液のまとめ〉

名前	溶質の名前	溶質の状態	性質	特徴（とくちょう）
塩酸	塩化水素	気体	酸性	刺激臭（しげきしゅう）がある
炭酸水	二酸化炭素	気体	酸性	泡（あわ）が見える。水溶液の温度が上がるととける量が減る
酢酸水溶液	酢酸	液体	酸性	刺激臭がある
ホウ酸水	ホウ酸	固体	酸性	水溶液の温度を下げて取り出すことが多い
アルコール水	アルコール	液体	中性	独特なにおいがある
砂糖水	砂糖	固体	中性	熱していくと黒くこげる
食塩水	食塩	固体	中性	中性だが電気を通す
アンモニア水	アンモニア	気体	アルカリ性	刺激臭がある
水酸化ナトリウム水溶液	水酸化ナトリウム	固体	アルカリ性	二酸化炭素を吸収（きゅうしゅう）する
石灰水	水酸化カルシウム	固体	アルカリ性	溶質は固体だが水溶液の温度が上がるととける量が減る

※上の表は横に見てください。そして例えば塩酸なら「塩化水素という気体がとけた酸性の水溶液で、刺激臭がある」と迷わずスラスラ答えられるようになるまで何度も確認して覚えましょう。

1 次のア〜クの水溶液についてあとの問いに答えなさい。なお、答えは語群より選び、記号で答えなさい。

語群

ア 水酸化ナトリウム水溶液	イ アンモニア水	ウ 塩酸	エ 石灰水
オ 炭酸水	カ 砂糖水	キ 食塩水	ク ホウ酸水

(1) においがある水溶液はどれですか。すべて答えなさい。

(2) 固体を水にとかしてつくった水溶液はどれですか。すべて答えなさい。

(3) BTB溶液で青色を示す水溶液はどれですか。すべて答えなさい。

(4) 紫キャベツ液で赤色またはピンク色を示す水溶液はどれですか。すべて答えなさい。

(5) 電気を通さない水溶液はどれですか。1つ答えなさい。

2 5種類の水溶液A〜Eがあります。これらの水溶液は、水酸化ナトリウム水溶液・うすい塩酸・砂糖水・食塩水・石灰水のどれかです。これらの水溶液を調べる実験①〜④を行いました。下の表はその結果をまとめたものです。あとの各問いに答えなさい。

実験① BTB溶液を加え、色を観察した。

実験② ストローで息をふきこんだ。

実験③ アルミニウム片を加えた。

実験④ 加熱して水を蒸発させた。

	A	B	C	D	E
実験①	青色	青色	黄色	緑色	緑色
実験②	白くにごった	変化なし	変化なし	変化なし	変化なし
実験③	泡が出た	泡が出た	泡が出た	変化なし	変化なし
実験④	白い物質が残った	白い物質が残った	何も残らなかった	黒い物質が残った	白い物質が残った

(1) 実験①〜④の結果から、Aの水溶液は何ですか。次から1つ選び、記号で書きなさい。
　　ア 水酸化ナトリウム水溶液　　イ うすい塩酸　　ウ 砂糖水
　　エ 食塩水　　　　　　　　　　オ 石灰水

(2) 水溶液A〜Eのそれぞれに鉄片を加えると、1つだけ鉄片の表面から泡が発生しました。その水溶液はどれですか。A〜Eから1つ選び、記号で書きなさい。

(3) 水溶液A〜Eのそれぞれにフェノールフタレイン液を加えたところ、赤く変化した水溶液がありました。その水溶液はどれですか。A〜Eからすべて選び、記号で書きなさい。

(4) 水溶液A〜Eのにおいをかいだら、1つだけ刺激臭がしました。その水溶液はどれですか。A〜Eから1つ選び、記号で書きなさい。

(5) 電池と豆電球を使って水溶液A〜Eに電気が流れるか調べたところ、1つだけ流れないものがありました。その水溶液はどれですか。A〜Eから1つ選び、記号で書きなさい。

9 温度が上がると何が起きるの？
―もののあたたまり方―

● あたたまり方は大きく分けて3つあることを知らない。
● 熱伝導率と膨張率（ぼうちょうりつ）のちがいを意識せず、まちがえて覚えている。

例えばこんな場面で

物質のあたたまり方について、図1～図3のような実験をしました。次の問いに答えなさい。

(1) 図1のように正方形の金属の板のBの部分を熱しました。
金属板があたたまる順番はどのようになりますか。
ア　B→A→C→Dの順にあたたまる。
イ　B→D→C→Aの順にあたたまる。
ウ　Bのあと、AとDがほとんど同時にあたたまり、その後Cがあたたまる。
エ　Bのあと、Cが先にあたたまり、その後AとDがあたたまる。

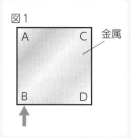

図1　金属

(2) 図2のようにビーカーに水を入れてBの部分を熱しました。
水があたたまる順番はどのようになりますか。

あたたまり方？金属と水で、何かちがうの？

ア　B→A→C→Dの順にあたたまる。
イ　B→D→C→Aの順にあたたまる。
ウ　Bのあと、AとDがほとんど同時にあたたまり、その後Cがあたたまる。
エ　Bのあと、Cが先にあたたまり、その後AとDがあたたまる。

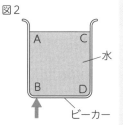

図2　水　ビーカー

(3) 水で満たしたフラスコにガラス管のついたゴムせんをしたところ、
図3のようになりました。これを70℃くらいのお湯であたためました。

① お湯であたためたとき、はじめに水面が少し下がりました。
この理由として正しいものを、次のア～エから1つ選び、記号で答えなさい。
ア　水が先にあたたまることで、水の体積が大きくなったから。
イ　フラスコと水がいっしょにあたたまることで、水の体積が小さくなったから。
ウ　フラスコが先にあたたまることで、フラスコが少し大きくなったから。
エ　フラスコと水がいっしょにあたたまることで、フラスコが少し小さくなったから。

図3　ガラス管　水面　ゴムせん　フラスコ　水

② お湯であたため続けたとき、はじめに水面が少し下がったあと、水面はどのようになりますか。
次のア～ウから正しいものを1つ選び、記号で答えなさい。
ア　水面は下がったままになる。
イ　水面はさらに下がっていく。
ウ　水面は上がっていく。

📖 つまずき解消ポイント

☑ **もののあたたまり方は、伝導・対流・放射です！**

伝導は主に固体のあたたまり方、対流は主に液体や気体のあたたまり方です。

☑ **ものは温度が上がると体積が増えます！**

このことを膨張といいます。なお、重さは変わりません。

☑ **熱伝導率と膨張率は異なります！**

熱伝導率：銅＞アルミニウム＞鉄　　膨張率：アルミニウム＞銅＞鉄

[解き方]

（1）**伝導**は主に固体のあたたまり方で、熱した部分の近いところから順にあたたまっていきます。そのため下の図で×印の場所を熱すると、図のように熱したところから同心円状に熱が伝わっていきます。そのため、B→AとD（ほとんど同時）→Cとなり、答えは<u>ウ</u>です。Bから始まっているからといって、アやイを選ばないように気をつけましょう。

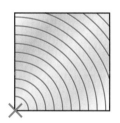
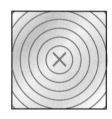

（2）**対流**は主に液体や気体が移動しながらあたたまっていくときのあたたまり方で、伝導とは異なります。空気などは、上の方に温度が高いものがくるという話があります。それは、ものがあたたまると同じ体積あたりの重さを比べたときに軽くなるからです。例えば重さが1gのものがあったら、あたためても全体が1gのまま変わらないで、ふくらむイメージです。だから同じ体積で比べたら、あたためたものは1gよりも軽くなっているはずですよね。このようにものがあたたまり膨張すると、同じ体積あたりで比べると軽くなります。温度が高いものの方が、同じ体積あたりで比べたら軽いわけだから上の方に集まるのですね。逆に冷えて収縮すると、同じ体積あたりでは重くなります。下の左図のように対流しますので、答えは<u>ア</u>となります。

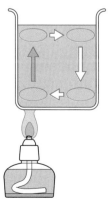
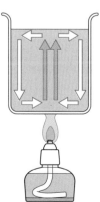

(3) ① 　お湯はまずフラスコをあたためます。そのあたためられたフラスコが中に入っている水をあたためます。だから、まずフラスコが膨張します。フラスコが大きくなった分、水面が下がってしまうのです。ウ。

　　② 　そのあとに水が膨張するから、水面が上がります。ウ。

　　なお、**放射**というのは太陽や電気ストーブやキャンプファイヤーなど、ふれていないものを直接あたためるようなあたたまり方のことです。

✒ 得意にするための1歩

〈熱伝導率〉

銅＞アルミニウム＞鉄

　金属は熱を伝えやすく、その中で伝えやすい順にすると、銀＞銅＞金＞アルミニウム＞鉄のようになります。ここでは、特に「銅＞アルミニウム＞鉄」の3つを覚えておきましょう。なお、熱を伝えにくいものは伝えにくい順にすると、空気＜発泡スチロール＜水・ガラス＜せとものなどです。せとものは社会の授業で習ったことがあるんじゃないかなと思います。お茶わんなどに使っている陶磁器を思いうかべてみてください。もし、熱を伝えやすかったら、おみそ汁が入っていたら熱くて持てませんよね。ガラスも熱を伝えやすいわけがありません。寒い日に部屋をあたためてもすぐに外の寒い空気に冷やされてしまったら大変ですね。水もすぐにはあたたまりません。ここらへんはイメージしやすいですね。

〈膨張率〉

アルミニウム＞銅＞鉄

ものが膨張する割合のことを膨張率といいます。金属にもいろいろなものがありますが、特に大切な3つの金属については覚えておきましょう。膨張率の大きい順に「アルミニウム＞銅＞鉄」です。簡単にいうと、アルミニウムが一番大きくなりやすく、鉄がいちばん大きくなりにくいということです。

〈バイメタル〉

異なる2つの金属をはり合わせたものを**バイメタル**といいます。
右図のように、上側がアルミニウム、下側が鉄でできたバイメタルを用意します。これを温めるとどうなるか。アルミニウムの方が鉄よりも膨張率が大きいですよね。

ということは、膨張すると下の左側の図のようにずれてしまいそうですよね。

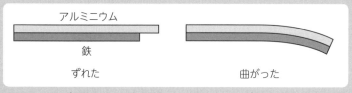

でも2つの金属をはり合わせているから、ずれたりはしません。どうなるかというと、曲がってしまうんです。校庭のトラックを行進するとき、外側の人の方が内側の人よりも長い距離を歩くと列がぴったりそろうのを想像するとわかりそうですね。

☞ 答えは別冊6ページ

1 下のように2種類の金属をはり合わせました。これに下から熱を加えると、どちらに曲がりますか。上、下のいずれかで答えなさい。

① 銅 / 鉄 / 熱する
② 鉄 / アルミニウム / 熱する

2 熱に関する下のA～Cの文章を読み、以下の各問いに答えなさい。

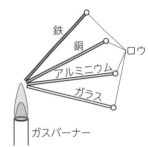

鉄 / 銅 / ロウ / アルミニウム / ガラス / ガスバーナー

A. 鉄、銅、アルミニウム、ガラスでできた同じ形の4本の棒を用意し、それぞれの端にロウをぬりました。次に、それぞれの棒を水平にして同じ割合で加熱できるように、炎の大きさや、炎と棒の端との距離は同じになるように気をつけながら、ロウをぬっていない方の端をガスバーナーで熱しました。

(1) ガスバーナーで熱し続けると、ロウをぬった端の方に熱が伝わっていきます。このような熱の伝わり方を何といいますか。漢字2文字で答えなさい。

(2) ロウがとけ始める順番を早いものから並べたとき、正しい順番になっているのはどれですか。次のア～エから1つ選び記号で答えなさい。

　ア　鉄→銅→アルミニウム→ガラス　　　　イ　銅→鉄→アルミニウム→ガラス
　ウ　アルミニウム→銅→鉄→ガラス　　　　エ　銅→アルミニウム→鉄→ガラス

B. アルミニウムの板を正方形に切りとってロウをぬり、板の中央を熱しました。

(3) このとき、ロウがとけた部分ととけていない部分の境界がどのように変わっていくか、一定時間ごと画用紙にスケッチをして記録しました。最も正しいと思われるのはどれですか。次のア～エから1つ選び記号で答えなさい。

ア 　イ 　ウ 　エ

C. 同じ形のアルミニウムの板とガラスの板が、20℃に保たれた部屋の中に置かれています。1時間ほどこの部屋で過ごしていた人が、両手の手のひらで同じようにそれぞれの板をさわってみました。なお、熱は温度の高いものから低いものへと移動し、熱がうばわれると冷たく感じます。

(4) このときのようすを表す文章として、最も正しいと思われるのはどれですか。次のア～エから1つ選び記号で答えなさい。

　ア　ほとんどちがいは感じなかった

　イ　ガラスの板の方が冷たく感じた

　ウ　アルミニウムの板の方が冷たく感じた

　エ　はじめはガラスの板の方が冷たく感じたが、しばらくするとアルミニウムの板の方が冷たく感じるようになった

こんなつまずきありませんか？

● このような図が出てきた場合はほとんど同じような問題であることを知らない。

● 湯気を水蒸気だと思っていて、ちがいを正しく理解できていない。

例えばこんな場面で

　図は一定量の氷を一定の割合で加熱したときのグラフです。ただし、横軸の 〳〵 はdからeの間の加熱時間が長いので一部分の時間を省いている記号です。

(1) 図の縦軸は何を示していますか。
　　ア　温度　イ　質量　ウ　体積

(2) 図で、液体の水が存在するのはどの間です
　　か。次のア～クの中から1つ選びなさい。
　　ア　aからbの間　　イ　bからcの間
　　ウ　cからdの間　　エ　dからeの間
　　オ　eからfの間　　カ　dからfの間
　　キ　cからeの間　　ク　bからeの間

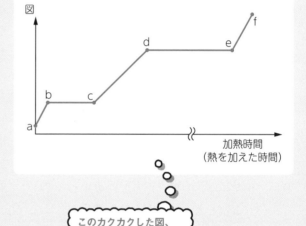

このカクカクした図、見たことがあるかも…！

(3) ビーカーに水を半分入れて加熱しながら水
　　のようすを観察しました。しばらく加熱す
　　ると、水面から湯気が出始めました。この
　　ときの湯気は水がどのような状態になった
　　ものですか。
　　ア　固体　　イ　液体　　ウ　気体

(4) 次のア～オの中で気体をすべて選びなさい。
　　ア　都市ガス　　　　イ　ドライアイス　　　ウ　ドライアイスのけむり
　　エ　サイダーの泡　　オ　ガラス

(5) おふろに入るため、浴そう（湯船）に水を入れました。今日、小学校で習った「水と氷の関係」が気になっ
　　て、浴そうの水の中に氷を1つ入れてみました。どうなったかを次の【結果】のア～ウから選び、さら
　　にそうなった理由を【理由】のエ～カから選びなさい。
【結果】ア　氷は底に沈まずに浮いた
　　　　イ　氷は底に沈んだままだった
　　　　ウ　氷は底に沈んだり浮いたりをずっとくり返していた
【理由】エ　同じ体積の氷と水を比べると、氷の方が水より重いから
　　　　オ　同じ体積の氷と水を比べると、氷の方が水より軽いから
　　　　カ　同じ体積の氷と水を比べると、氷と水は同じ重さだから

📖 つまずき解消ポイント

☑️ **このような場合、聞かれることはほとんど同じです！**

氷がとけ始める温度は0℃、水がふっとうし始める温度は100℃です。

☑️ **湯気は水蒸気ではなく、水のつぶです！**

無色の気体は目に見えません。水蒸気が冷やされてできた水だから、目に見えています。

☑️ **水蒸気、水、氷についてはきちんと覚えましょう！**

水が水蒸気や氷になるときに変わるのは体積です。全体の重さは変わりません。

[解き方]

(1) 縦軸は温度を表しています。ア

(2) a〜fの範囲での状態

- a〜b…{ (氷だけ)・水だけ・水蒸気だけ・氷と水・水と水蒸気 }
- b〜c…{ 氷だけ・水だけ・水蒸気だけ・(氷と水)・水と水蒸気 }
- c〜d…{ 氷だけ・(水だけ)・水蒸気だけ・氷と水・水と水蒸気 }
- d〜e…{ 氷だけ・水だけ・水蒸気だけ・氷と水・(水と水蒸気) }
- e〜f…{ 氷だけ・水だけ・(水蒸気だけ)・氷と水・水と水蒸気 }

よって、水はb〜eの間に存在します。ク

(3) 湯気は、水蒸気が冷やされて小さい水滴になったものです。イ

なお「くも」「白く見える」「くもり始めた」などの正体も同じく、主に水です。水蒸気ではありません。無色の気体は目に見えないので、まちがえないようにきちんと覚えましょう。

(4) イ：ドライアイスは二酸化炭素の固体、ウ：ドライアイスのけむりは小さい水滴、エ：サイダーの泡は水にとけていた二酸化炭素です。ア・エ

(5)

	氷	水	水蒸気
	100g	100g	100g
	110 cm³	100 cm³	170000 cm³

×約1.1　　×約1700

※4℃のときの水は1cm³あたり1gです。

※100℃の水がふっとうして100℃の水蒸気になると、体積は約1600倍になります。4℃の水と比べると約1700倍です。

結果 ア　理由 オ

なお、ここで補足をしておきます。

① 氷が水になったり、水が水蒸気になっている間は温度が上がらない。→ 氷を水に、水を水蒸気に変化させるためだけに熱が使われ、温度を上げるのに熱が使われないから。

② 氷と水では、{ (氷)・水 }の方があたたまりやすい。→ グラフ1のab間の傾きが急になっている。

続いて、次の図を見てください。丸底フラスコに入れた水をいきなりあたためるのはダメです。ここにはまず「ふっとう石」を入れなくてはいけません。なぜふっとう石を入れなければいけないかというと、突沸を防ぐためなのです。水が100℃になって水蒸気に変わっているときのことをふっとうといいますね。ふっとうが突然起こることを突沸といいます。突沸が起こると、中の液体が飛び散り丸底フラスコが割れてしまうことがあります。そのため、ふっとう石を入れる必要があるのです。下の図は一通り確認しておきましょう。

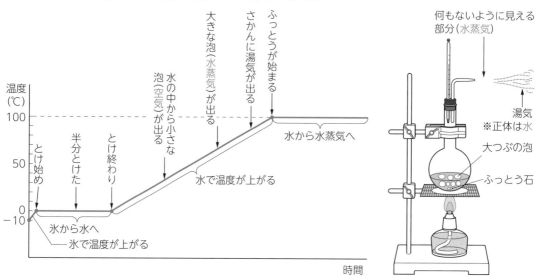

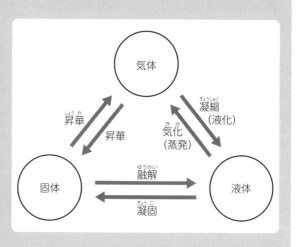

💎 **得意にするための1歩**

〈ものの三態変化〉

三態とは固体・液体・気体のことです。固体というのは氷や机のように形と体積が決まっているもの。氷とちがって水はゆらしたら形が変わりますね。液体というのは水のように形が決まっていないもの。気体というのは水蒸気や空気のように形も体積も決まっていないもののことです。

固体……形と体積が決まっているもの
液体……一定の体積があり、
　　　　形が決まっていないもの
気体……体積も形も決まっていないもの

- なべのふたを取ったら白い湯気があがった
  →凝縮（液化）
- 洗濯物がかわいた
  →気化（蒸発）

1 ある量の氷を一定の強さで加熱して、時間と温度変化の関係を調べたら、右の図のようになりました。

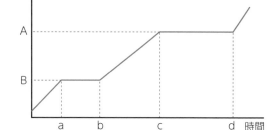

(1) AとBの温度はそれぞれ何℃ですか。

(2) 次の①〜③の区間では水はどのような状態になっていますか。下のア〜オから1つずつ選び、それぞれ記号で答えなさい。

　① aとbの間

　② bとcの間

　③ cとdの間

　　ア　固体　　イ　液体　　ウ　気体　　エ　固体と液体　　オ　液体と気体

(3) 水がふっとうし始めたのはa〜dのどこですか。記号で答えなさい。

(4) 右の図は水がふっとうしているときのようすです。
①〜③に存在する物質は何ですか。下のア〜カから適当なものを1つずつ選び、それぞれ記号で答えなさい。同じ記号をくり返し使っても構いません。

　　ア　水素　　　イ　水蒸気（気体の水）

　　ウ　酸素　　　エ　二酸化炭素

　　オ　空気　　　カ　液体の水

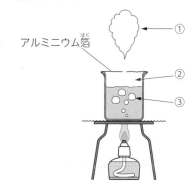

アルミニウム箔

2 右の図は、あたためたり、冷やしたりすることによって、すがたを変えるようすを表しています。次の問いに答えなさい。

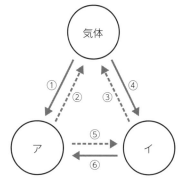

(1) 図の実線の矢印──▶は、あたためる・冷やすのどちらを表しますか。

(2) 図のア・イはそれぞれどのような状態を表しますか。
ア・イについて、それぞれ言葉で答えなさい。

(3) 冬の朝、バケツに入れてあった水がこおることがある。この現象を表す矢印を①〜⑥から選びなさい。

(4) ドライアイスを空気中に放置しておくと、やがて何も残らなくなる。この現象を表す矢印を①〜⑥から選びなさい。

(5) 氷水を入れたコップをしばらくおくと、コップの外側に水てきがつくことがある。この現象を表す矢印を①〜⑥から選びなさい。

(6) 寒い日の朝、植物に霜が降りていることがある。この現象を表す矢印を①〜⑥から選びなさい。

11 温度の計算がわからない……
―カロリー計算―

- 異なる温度の水を混ぜ合わせると大体真ん中になると思って、平均の温度を出してしまう。
- カロリーとは何かを理解していない。

例えばこんな場面で

いろいろな温度の水に、ちがう温度の水などを混ぜる実験をしました。次の各問いに答えなさい。

(1) 20℃の水200gと80℃の水100gを混ぜ合わせました。何℃の水が何gできますか。

真ん中の数値になるんじゃないの…？

(2) 30℃の水100gと、ある温度の水200gを混ぜ合わせました。そのあとで温度をはかると40℃になったことがわかりました。何℃の水を混ぜ合わせましたか。

(3) 20℃の水300gと48℃の水を何gか混ぜ合わせました。そのあとで温度をはかると27℃になったことがわかりました。48℃の水は何g混ぜ合わせましたか。

(4) 20℃の水が450gあります。この中に0℃の氷50gを入れると水の温度は何℃になりますか。ただし、1gの氷をとかして1gの水にするには80カロリーの熱量が必要です。

(5) 20℃の水が100gあります。この中に、200gの鉄球を80℃に熱したものを入れると30℃になりました。このとき、30℃の水200gに先ほどと同じ素材でできた500gの鉄球を70℃に熱したものを入れると何℃になりますか。

📖 つまずき解消ポイント

☑ **カロリー(cal)は熱の単位の一つです！**
　1gの水の温度を1℃上昇させるためのエネルギーのことです。

☑ **深く考えずに温度の足し算をしてはいけません！**
　例えば90℃の熱い湯に、10℃の冷たい水を入れても100℃にはなりませんね。

☑ **水の量に注目です！いつも真ん中になるわけではありません。**
　例えば90℃の熱い湯を冷やそうとして10℃の水を1滴入れても温度は下がりませんね。

解き方

（1）まず、1gの水の温度を1℃上昇させるためのエネルギーが1カロリーとなります。水の量に注目すると、200g＋100g＝300gになります。0℃の水を基準に考えて、20℃の水200gの持っているエネルギーは20×200＝4000calと考えると、80℃の水100gの持っているエネルギーは80×100＝8000calとなりますね。そうすると、図1のように混ぜ合わせたものは、4000cal＋8000cal＝12000calのエネルギーを持っていることがわかります。つまり、□（℃）×300（g）＝12000calということになるので、12000÷300＝40℃の水ができているはずですよね。これが、カロリーの計算です。

なお、もう1つ、別の方法で問題を解くこともできます。図2のように面積図を書きます。

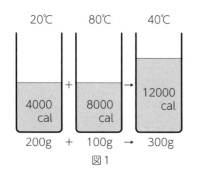 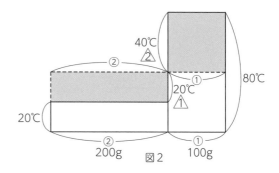

図1　　　　図2

面積図で表すと、図2の赤い部分の面積が同じになるのでした。横の長さ（水の量、図2の○で書いているところ）の比が2：1ですよね。ということは高さ（温度、図2の△で書いているところ）の比が上から順番に2：1にならないと、面積が同じ大きさになりませんね。
△＋△が60℃分なので、△が60℃、△が20℃と計算できます。
だから20＋20＝40℃と計算することもできますね。もしくは80−40＝40℃でも解けます。ただし、これは同じ物質のときしか使えません。たとえば水と水などのときですね。水と氷のときなどは使えません。注意しておきましょう。

（2）水の量は、100＋200＝300gです。そして最終的に持っているカロリーは全部で40×300＝12000calですね。12000−30×100＝9000calより、ある温度の水200gが最初に持っているカロリーが9000calとわかります。よって、9000÷200＝45℃。なお、これも先ほどと同じように面積図で解くこともできますね。

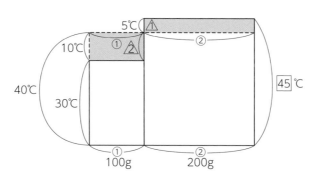

（3）これは48℃の水の量と、混ぜ合わせたあとの水の量の両方ともわからないので、普通にカロリー計算をしても解けません。よって、面積図で解くか、工夫してカロリー計算をする必要があります。

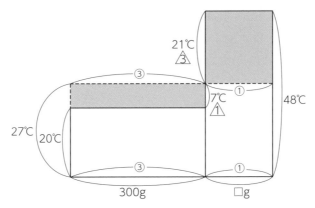

上の面積図より 300÷3＝**100g**

（別解）全体のカロリーではなく、20℃の水と48℃の水それぞれのカロリーに注目します。ここから扱う、別の物質どうしのカロリー計算の時にも必要な考え方なのでできれば身につけておいてほしい考え方です。20℃の水が得たカロリーは（27－20）×300＝2100cal です。ということは、48℃の水が失ったカロリーも 2100cal のはずですね。よって、2100÷（48－27）＝**100g**

（4）0℃の水を基準に考えると、20℃の水は 20×450＝9000cal を持っていると考えられます。この中から、氷50g をとかして 50g の水にするために、50×80＝4000cal を消費します。よって、残りは 9000－4000＝5000cal です。この時点で氷はとけて 0℃の水になっているので、0℃の水 500g に 5000cal を与えたと考えると 5000÷500＝**10℃**となります。

（5）20℃の水が得たカロリーは（30－20）×100＝1000cal となります。ここで、80℃の鉄球が失ったカロリーも 1000cal であることに注目してみましょう。問題にでてくるのが鉄ではなく水であれば、今までの問題と同じように取り組むことができそうですよね。では、この鉄球が水何g分にあたるのか考えてみましょう。1000cal 失うことで、50℃下がったのだから、1000÷50＝20より、この200gの鉄球は水20gと同じと考えてよいのがわかるかな。ということは、500gの鉄球は50gの水と同じあたたまりやすさと考えられますよね。
するとこの問題は、30℃の水200gと70℃の水50gを混ぜ合わせた問題と考えることができます。あとは計算するだけですね。（30×200＋70×50）÷250＝**38℃**となります。

✎ **得意にするための1歩**

①氷を混ぜた場合は氷が水になるためのカロリーを最初に計算して水に戻してから考える。
②鉄などを入れた場合は、それが水何g分におきかえて考えるとよいのかを最初に計算してから考える。……という風に、いずれの場合も最初に何らかの工夫をしてすべて同じ物質にそろえてから（水にそろえることでうまくいく場合が多いです）計算をしていくとわかりやすいですね。

☞答えは別冊7ページ

1 いろいろな温度の水に、ちがう温度の水を混ぜる実験をしました。次の各問いに答えなさい。

(1) 40℃の水100gと10℃の水50gを混ぜ合わせました。何℃の水が何gできますか。

(2) 40℃の水200gと、ある温度の水300gを混ぜ合わせました。そのあとで温度をはかると70℃になったことがわかりました。何℃の水を混ぜ合わせましたか。

(3) 85℃の水100gと5℃の水を何gか混ぜ合わせました。そのあとで温度をはかると25℃になったことがわかりました。5℃の水は何g混ぜ合わせましたか。

2 熱について次の文章を読み、以下の各問いに答えなさい。

湯飲みにお茶を注いでしばらく置いておくと、湯飲みは熱くなり、お茶は冷めます。このように、温度の高い物体と温度の低い物体を接触させておくと、高温物体の温度は下がり、低温物体の温度は上がり、しばらくすると両者の温度は等しくなります（図1）。このことは、高温物体から低温物体へ熱が移動した、と考えることによって説明できます。このとき、高温物体が失った熱の量と低温物体が得た熱の量は等しくなります。

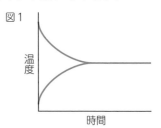
図1

熱の量（熱量）の単位を「カロリー」といいます。1カロリーは、水1gの温度を1℃上げるのに必要な熱量です。例えば、水1gが1カロリーの熱量を得ると、その水の温度は1℃上がります。反対に、水1gが1カロリーの熱量を失うと、その水の温度は1℃下がります。水に限らず、物質1gの温度を1℃上げるのに必要な熱量を「比熱」といいます。比熱は、図2のように、物質によって異なります。そのため、ある物質の比熱がわかれば、その物質が何であるかがわかります。

図2

物質	比熱
水	1
食用油	0.5
アルミニウム	0.21
鉄	0.10
銅	0.09

(1) 水200gの温度を40℃上げました。この水が得た熱量は何カロリーですか。
ただし、温度が上がったあとの水はふっとうしなかったものとします。

(2) 鉄100gの温度を60℃下げました。この鉄が失った熱量は何カロリーですか。

3 いろいろな温度の水に、ちがう温度の物質を混ぜる実験をしました。次の各問いに答えなさい。

(1) 30℃の水が400gあります。この中に0℃の氷100gを入れると水の温度は何℃になりますか。ただし、1gの氷をとかして1gの水にするには80カロリーの熱量が必要です。

(2) 30℃の水が250gあります。この中に−20℃の氷50gを入れると水の温度は何℃になりますか。ただし、1gの氷の温度を1℃上昇させるには0.5カロリーの熱量が必要で、1gの氷をとかして1gの水にするには80カロリーの熱量が必要です。

(3) 20℃の水が100gあります。この中に、200gの銀でつくられた球を75℃に熱したものを入れると25℃になりました。このとき、45℃の水200gに先ほどと同じ素材でできた200gの球を87℃に熱したものを入れると何℃になりますか。

12 実験器具ってどう使うの？
―ガスバーナー・顕微鏡の使い方―

● 実験で使う順番を感覚で覚えていて言葉にできない。

● 各部分の名前を正確に覚えていない。

例えばこんな場面で

(1) 右の図はガスバーナーです。次の問いに答えなさい。

① A・B・Cの名前を何といいますか。それぞれ言葉で答えなさい。

② 開けるときはaとbのどちらの方向に回しますか。

③ A～Cを、火をつけるときに開く順番に記号で並べなさい。

④ A～Cを、火を消すときに閉じる順番に記号で並べなさい。

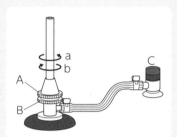

(2) 右の図は顕微鏡です。次の問いに答えなさい。

A 右の図の①～⑤の名前を何といいますか。
それぞれ言葉で答えなさい。

B 下の文章の⑥～⑬にあてはまる言葉を答えなさい。

(①　　　　　　　)
(②　　　　　　　)
(③　　　　　　　)
(④　　　　　　　)
(⑤　　　　　　　)

● ⑥(　　　　)の当たらない、⑦(　　　　)なところに置く。

● レンズはまず⑧(　　　　)レンズをつけ、
次に⑨(　　　　)レンズをつける。
→ほこりが入らないようにするため。

※はじめは⑩(　　　　)倍率にする。

● ⑪(　　　　)を動かして明るくなるように調節する。

● ⑫(　　　　　　　)をステージにのせ、横から見て対物レンズを近づける。

● 接眼レンズをのぞきながらピントを合わせる。このとき、必ず⑫(　　　　　　　)を⑬(　　　　)
ように動かしていく。

※倍率は「対物レンズの倍率×接眼レンズの倍率」で表される。

> 手順や注意点には、
> そうする理由があったはず…。

C 「p」と非常に小さく書かれた紙を顕微鏡で観察すると、どのように見えますか。
次のア～エから1つ選び記号で答えなさい。

ア b　　イ d　　ウ p　　エ q

> 顕微鏡で見ると、見え方は
> どう変わるんだっけ？

📖 つまずき解消ポイント

☑ まずは名前を正確に覚えましょう！

記号選択ではなく、覚えて自分で書けるようにしておきましょう。

☑ 実際に使う順番も大切です！

順番だけでなく、なぜそのようになるかも理解しておきましょう。

☑ 顕微鏡でものを見ると、上下左右が逆になって大きく見えます！

ここは大切です。きちんと理解しましょう。

解き方

(1) ① A 空気調節ねじ　B ガス調節ねじ　C 元栓
　　② a　③ C→B→A　④ A→B→C

　ガスバーナーには2つのねじがあって、下にあるのがガス調節ねじ、上にあるのが空気調節ねじです。それぞれガスの量と空気の量を調節するものです。使用時にはこの2つのねじが閉まっていることを確認してから、ガスの元栓を開きます。もしガス調節ねじが開いたまま元栓を開くと、ガスがもれてしまいますね。元栓を開いたら、マッチの火を斜め下から近づけながら、ガス調節ねじを開いていく。そして、ガス調節ねじを回して炎の大きさを調節します。ガス調節ねじのみ開いている状態だと、赤い炎がつきます。赤い炎は酸素が足りない状態で燃えています。これを不完全燃焼といいます。ここで、より高い温度の炎にするためには、完全燃焼をさせなくてはいけません。そこで、空気調節ねじを開いて炎に空気を送って、酸素を多くしてあげるのです。すると赤かった炎が青くなります。火を消すときは、火をつけたときと逆で空気調節ねじ、ガス調節ねじ、元栓の順に閉めていきます。

(2) A ① 接眼レンズ　② 対物レンズ　③ のせ台（ステージ）　④ 反射鏡　⑤ 調節ねじ
　　B ⑥ 直射日光　⑦ 水平　⑧ 接眼　⑨ 対物　⑩ 低い　⑪ 反射鏡　⑫ プレパラート
　　　⑬ 遠ざける
　　C イ

小さなものを拡大してくわしく見るときに使う実験器具に顕微鏡があります。
右の図を見てください。一通り説明していきます。

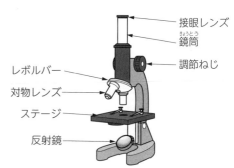

接眼レンズ
鏡筒
調節ねじ
レボルバー
対物レンズ
ステージ
反射鏡

1　先に接眼レンズを入れ、次に対物レンズを入れます。
　　下の方にある対物レンズから入れると、上からほこりやごみが入ってしまうことがあるからです。

2　対物レンズとステージの間を十分に遠ざけます。

3　接眼レンズを見ながら明るくなるように反射鏡を動かします。
　　ただし、ここで注意しなくてはならない点があります。
　　反射鏡に直射日光を当てないようにすることです。
　　直射日光を直接見ると目をきずつけてしまう恐れがあるからです。

4　**プレパラート**をステージにのせ、固定します。プレパラートとは、観察するものを顕微鏡で見られるようにした物体のことをいいます。スライドガラスに見たいものをのせて、水などを数滴たらし、その上にとてもうすいカバーガラスをかぶせて密着させればプレパラートは完成です。

5　**横から見ながら**プレパラートに対物レンズをギリギリまで近づけていきます。ここで対物レンズがプレパラートにぶつからないように気をつけてください。**接眼レンズをのぞきながらだとぶつかるまで気づかないので、必ず横から見ながら近づけるようにしましょう。**ギリギリまで近づけ終わったら、接眼レンズをのぞきながらピントが合うまでゆっくり対物レン

ズを遠ざけていきます。

6　ピントが合えば見たいものを観察できます。そのとき、上下左右が逆になっていることにも気をつけましょう。

〈顕微鏡での見え方〉

　顕微鏡については、もうひとつ大切なことがあります。下の図を見てください。顕微鏡をのぞいたときに、見たいものがまん中にありません。そのときにどうしたらいいかということが大切です。「真ん中にもってくるためには、プレパラートを右上にずらせばいいんじゃないんですか？」という声が聞こえてきそうですが、正解は、左下にプレパラートをずらします。なぜそんなことになるとかというと、接眼レンズや対物レンズを通して物体を見ると左右・上下が入れ替わってしまうからです。だから、左下に見えているということは、実際にはプレパラートの右上に物体があるということなのです。

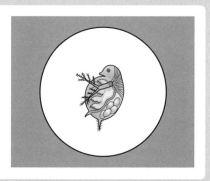

プレパラートを
左下にずらす

顕微鏡を使うとき、どのレンズから使うのかも決まっています。低い倍率のものから使用します。なぜかというと、低い倍率の方が視野が広くなり、見たいものを探しやすくなるからなのです。いきなり高い倍率で見てしまうと、見たいものがなかなか見つからなくて大変です。それに、視野が広いということは、光の入ってくる面積も大きくなるのはわかりますか。低い倍率で見た方が明るい状態で観察できるということも覚えておきましょう。

また、接眼レンズを「×４」のものを使い対物レンズに「×10」のものを使うと、接眼レンズで長さが４倍になって、さらに対物レンズで長さが10倍になるのだから結局は４×10＝40倍の長さでものを見ることができます。面積にすると40×40＝1600倍。これもあわせて覚えておきましょう。

1 水中の小さな生物を観察するために近くの池から水を採取して、プレパラートをつくり、図のような顕微鏡で観察しました。次の問いに答えなさい。

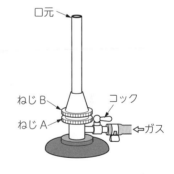

(1) 図1のAのレンズを何といいますか。

(2) 顕微鏡で観察するとき、どのような順序で行いますか。
次のア〜カを、正しい順に並べかえなさい。

ア　プレパラートをステージに置き、クリップでとめる。

イ　横から見ながら、Bのレンズとプレパラートをできるだけ近づける。

ウ　Aのレンズをとりつける。

エ　Bのレンズをとりつける。

オ　Aのレンズをのぞき、反射鏡を調節して視野を明るくする。

カ　Aのレンズをのぞき、プレパラートとBのレンズを遠ざけながらピントを合わせる。

(3) Aの倍率を10倍・Bの倍率を10倍で観察したあと、Bの倍率だけを40倍に変えました。このとき、観察していたものの面積は、Bの倍率を変える前と比べて何倍に見えますか。

2 ガスバーナーとその炎について、次の問いに答えなさい。

(1) ねじAとねじBの名前を答えなさい。

(2) ガスバーナーの炎をオレンジ色にして試験管を熱したところ、試験管の外側の色が変わりました。何色になりましたか。

(3) 青い炎にして、別に用意した空の試験管を熱したところ、瞬間的に試験管がくもりました。これはなぜですか。

ア　ガスの成分がガラスにふれて冷やされたから。

イ　ガスが燃えたときにできる水蒸気が、ガラスにふれて冷やされたから。

ウ　試験管内の温度が、加熱しているガラスの温度に比べて低いから。

エ　空気中の水蒸気があたためられ、試験管の外側についたから。

オ　ガラスの成分が一部とけだしたから。

(4) 青い炎でガスが燃えているとき、空気はどこでガスと混ざりますか。図を参考に答えなさい。

ア　空気はガスと混ざってガス会社から送られてくる。

イ　ねじAの下のすきまから空気が入り、混ざる。

ウ　ねじAとねじBの間のすきまから空気が入り、混ざる。

エ　口元にある空気と混ざる。

オ　青い炎のときにはほとんど空気とガスは混ざっていない。

1 線がたくさん！何だろう……?
―太陽の動き―

- 春夏秋冬の太陽の高さと、それによって棒の影の長さが変わることを理解していない。
- 太陽の動きと棒の影の動きが逆であることを理解していない。

例えばこんな場面で

右の図は日本のある場所での春分の日、夏至の日、冬至の日の棒の影の先の動きを記録したものです。これについて、次の問いに答えなさい。

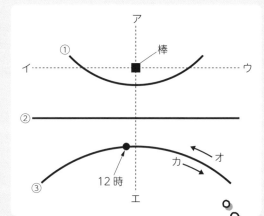

(1) アはどの方角ですか。東・西・南・北で答えなさい。

(2) ①～③はそれぞれ何の日ですか。

(3) 太陽が東の空にあるとき、棒の影はどの方角にできますか。東・西・南・北で答えなさい。

(4) ③の日の影は、オ・カのどちらの向きに動きますか。記号で答えなさい。

(5) 朝や夕方に、北の窓から太陽の光が差しこむことがあるのはどの日ですか。①～③より1つ選び、番号で答えなさい。

(6) この場所の太陽の南中時刻はいつごろですか。
　　ア　正午（12時）より前　　イ　正午　　ウ　正午よりあと

これ、動くの？なぜ…??

📖 つまずき解消ポイント

☑ **地球の自転や公転によって、太陽が動いているように見えています！**
　そのため、太陽の動きに合わせて棒の影も動いています。

☑ **棒の影は太陽がある方角とは逆向きにあります！**
　太陽が南に見えるときは、北に影が見えます。

☑ **季節によって太陽の高さは異なります！**
　太陽の高さによって、棒の影の長さが変わります。太陽が高いと影は短くなります。

解き方

　まず、右の図でとう明半球の中に棒を立てます。

　たとえば、図のAのところに太陽があったら、この影の先端がBのところにきますね。この影の先の動きを、太陽が出ている間について記録したものを日影曲線といいます。

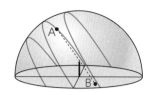

(1)「簡単ですよ！太陽って南中するんだから線がたくさんある下が南です！」と考えるとまちがってしまいます。**今考えているのは棒の影だということ**を忘れないでほしいと思います。例えば、前に太陽がありますって言われたら、影はどちらにできますか。前に太陽があったら、影は絶対後ろにできるはずですよね。つまり、**太陽が南側にあるのなら、影は北側にできますね。**逆の位置ですね。よって、影がある下側のエが北ということがわかってきますね。だから、上側の**アが南**、左側のイが東、右側のウが西ってわかりますね。

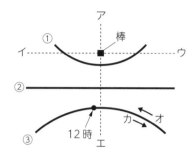

(2) 次に想像してほしいのは「人や棒の影は、太陽が高くなると長くなるのか短くなるのか」です。図1を見て、**太陽が高ければ高いほど影が短くなっていく**のが想像できましたか。

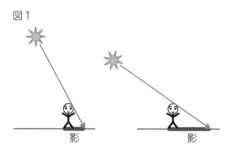

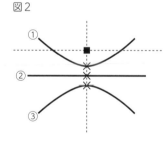

　図2の×印のところをちょっと見てください。ここは、それぞれの日で太陽が一番高いところにきているはずですよね。つまり、それぞれの日に×印のところで太陽が南中しています。今、①の線では、影が棒のところから×印までの長さしかありません。同じように②の線は棒のところから②の×印のところまで影があります。そして③の線は棒のところから③の×印のところまでは影があるはずですよね。ということは、①と②と③を比べると、①が最も南中高度が高いはずですよね。そのため、春分・夏至・冬至の3つの日のうち、①は南中高度が一番高い夏至の日だということがわかりますね。同じように、②が春分の日、あとは③が冬至の日ということになります。

① 夏至の日　② 春分の日　③ 冬至の日

(3) 影は太陽とは逆の方向にできますので、答えは西となります。

(4)「簡単ですよ！太陽は東から西に行くんでしょう。だから図の左から右に進みます！」と考えるとまちがってしまいます。太陽が東から出て西に沈むということは、影は、西から東に動

いていくはずだから、日影曲線は右側から左側へ動いていくことになりますよね。
答えは**オ**です。

(5) 北の窓から太陽の光が差しこむことがあるのは、
右図で最も北よりから太陽がのぼってくる夏至の日
です。
答えは①ですね。

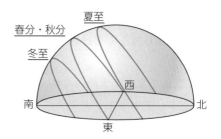

(6) たとえば③でオの向きに進むとき、12時より前
に図2でいう×印の位置にきていますよね。
よって、**ア**となります。

📎 **得意にするための1歩**

〈日影曲線で大事な3つのポイント〉
- 3本の線のどれがどの時期なのか
- どれがどこの方角をさしているか
- 影はどちらからどちらに動くのか

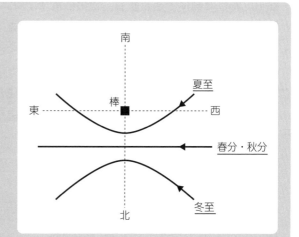

〈南中高度の求め方〉
- 春分・秋分の日の南中高度
  90° − その土地の緯度
- 夏至の日の南中高度
  90° − その土地の緯度 ＋ 23.4°
- 冬至の日の南中高度
  90° − その土地の緯度 − 23.4°

※23.4°は地軸のかたむきでしたね。

（例）北緯36°の東京の南中高度は
- 春分・秋分の日　　90 − 36 ＝ 54°
- 夏至の日　　　　　90 − 36 ＋ 23.4 ＝ 77.4°
- 冬至の日　　　　　90 − 36 − 23.4 ＝ 30.6°

1 図1は、ある日の東京での太陽の動きを、8時から11時まで1時間ごとにとう明半球に記録したものです。また、このとき、図2のような装置で、棒の影の先の動きを調べました。これについて、あとの問いに答えなさい。

図1

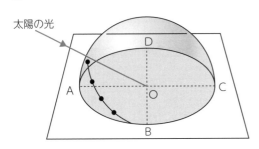

図2

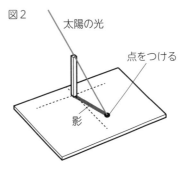

(1) 図1のAの方角は何ですか。次から1つ選び、記号で答えなさい。

　　ア　東　　イ　西　　ウ　南　　エ　北

(2) 「ある日」として正しいものを、次から1つ選び、記号で答えなさい。

　　ア　春分の日　　イ　夏至の日　　ウ　秋分の日　　エ　冬至の日

(3) 右の図は、春分の日、秋分の日、夏至の日、冬至の日に図2の装置を使って、棒の影の先のようすを記録したものです。図1の観測を行った日の記録はどれですか。右の図のア〜ウより1つ選び、記号で答えなさい。

(4) 右の図のイの記録で、棒の影の先は、①、②のどちらの向きに動きましたか。番号で答えなさい。

(5) ある日の12時（正午）のときの棒の影のようすとして正しいものを、次のア〜エより1つ選び、記号で答えなさい。

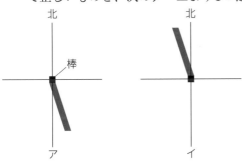

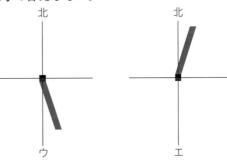

2 3つの都市の緯度と経度を調べたところ、右のようになっていました。

(1) 京都で春分の日の南中高度は何度ですか。

(2) 盛岡で冬至の日の南中高度は何度ですか。

	北緯（度）	東経（度）
盛岡	40	141
東京	36	140
京都	35	136

2 いつどの方向に見えるんだろう……
―月・惑星の動き―

- 月の問題で聞かれることはある程度決まっているのに、それを知らず覚えていない。
- 一目見ただけで問題を解こうとしてまちがえる。

例えばこんな場面で

下の図は太陽、地球、月の位置の関係を表したものです。これについてあとの問いに答えなさい。

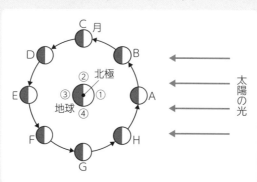

月がたくさん…。
あ、動いているのか。

(1) ①～④の位置は、いつごろを表していますか。次から選び、記号で答えなさい。
　　ア　明け方（6時）　　イ　昼（12時）　　ウ　夕方（18時）　　エ　真夜中（0時）

(2) 図のA～Hの月の形を書きなさい。

(3) 夕方、東の空に見られる月は、どの位置の月ですか。

(4) 明け方、東の地平線から出てくるのは、どの位置の月ですか。

(5) 真夜中に南中するのは、どの位置の月ですか。

(6) 真夜中に西の地平線に沈むのは、どの位置の月ですか。

(7) 夕方、南西の空に見られるのは、どの位置の月ですか。

📖 つまずき解消ポイント

☑ まずは「どの月がいつ頃、南中するのか」理解すること！
　　覚える数は多くなく、一度覚えてしまえば解ける問題がいくつもあります。

☑ 月の名前など、知っている知識から図に書きこみましょう！
　　何分もかかりません。数秒書きこむだけで、問題が解きやすくなるはずです。

☑ 数字をきちんと覚えましょう！
　　数字を知っているかどうかで得点が変わります。

解き方

(1) 我々地球人は、地球に立っています。①〜④でどの位置がどの時間帯かを想像してみましょう。①に立つと考えると、頭の上の方に太陽がある状況です。昼ですね。③はその逆なので真夜中。②は地球が反時計回りに自転していることを考えると、①の次の時間帯なので夕方とわかります。④は③の次の時間帯なので明け方となります。

よって、答えは① イ ② ウ ③ エ ④ ア です。

(2) 太陽と同じ方角にある月の名前が、A：**新月**です。そこから反時計回りに、B：**三日月**、C：**上弦の月**、E：**満月**、G：**下弦の月**、H：**26日の月**、となります。Aは実際にはうっすら見えるくらいで、よく問題では「見えない」という形で出てきます。

そこからBは数字の「3」のように右側が少し見えてきて、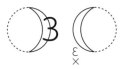

Cは右側半分、DでさらにふくらんでEが満月、

そこから少しずつ欠けていきます。

形もきちんと覚えましょう。

ここまでを図に書きます。さらに、人を立たせます。

頭の上が南なので、→の方角がそれぞれの人にとっての東とわかれば問題が解けますね。

(3) 図の通り、E

(4) 図の通り、A

(5) 南は頭の上、E

(6) 西は東の反対側、C

(7) 南と西の間、B

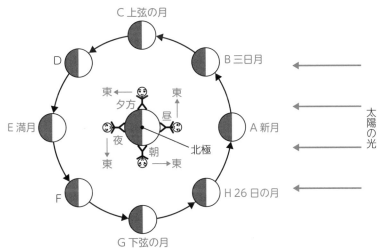

〈月〉

- 月の自転周期・・・**約27.3日**
- 月の公転周期（こうてん）・・・**約27.3日**
- 月の満ち欠け・・・**約29.5日**

※月の自転と公転が、向きも周期も同じであるため、
　月のうら側は見ることはできない。

〈惑星〉

太陽のまわりを回っている星のこと。太陽に近い方から、水星、金星、地球、火星、木星、土星、天王星（てんのうせい）、海王星（かいおうせい）の順となる。

- **火星**　赤い色をしている。鉄が酸化している（簡単（かんたん）に言うとさびている）。
　　　　　地球よりも外側で太陽のまわりを公転している外惑星（がいわくせい）。
　　　　　外惑星は、内惑星（ないわくせい）とちがって、真夜中にも観測することができます。
- **木星**　太陽系の惑星の中で一番大きい。
- **土星**　大きな輪がある。
- **金星**　大気のほとんどが**二酸化炭素**でできている。

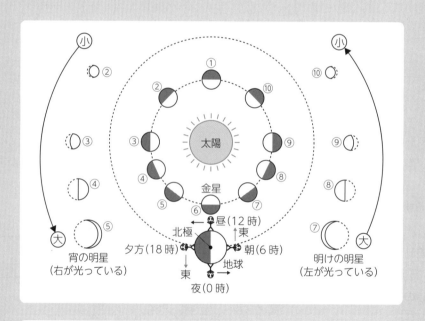

- 内惑星は真夜中に見ることはできない
- 昼は太陽の光が明るすぎるため、内惑星を見ることはできない
- ①は太陽の向こう側だから、明るすぎて見ることができない
- ⑥は光っていない部分のみ地球側を向いているので見ることができない
- ②～⑤は夕方、西の方角に見ることができる→「**宵の明星**（よい　みょうじょう）」という
- ⑦～⑩は朝、東の方角に見ることができる→「**明けの明星**（あ　みょうじょう）」という

答えは別冊9ページ

1 右の図は、地球と月、太陽の光の方向をそれぞれ示したものです。月の軌道上の矢印は、月の動く方向を表しています。次の問いに答えなさい。ただし、Aの位置にある月は上弦の月を表しています。

(1) 太陽の位置は①、②のどちらですか。

(2) 上弦の月が西の空に沈むとき、観測点の時間帯はいつですか。次のア～エから1つ選びなさい。

　　ア　明け方　　　イ　正午　　　ウ　夕方　　　エ　真夜中

(3) 太陽の位置が(1)の場所にあるとき、満月の位置はA～Hのどこですか。

(4) 地球から月を観測すると、月はいつも同じ面を地球に向けていて、月のうら側は見えません。その理由を、次のア～エから1つ選びなさい。

　　ア　月は公転をするが、自転はしていないから。

　　イ　月の公転と、地球の自転にかかる時間が等しいから。

　　ウ　月は1回公転する間に、公転と同じ向きに1回自転するから。

　　エ　月は1回公転する間に、公転と反対向きに1回自転するから。

2 太陽系の惑星について次の問いに答えなさい。

(1) 次の文章は、太陽系の惑星の特徴を表したものです。それぞれ何という星を表したものですか。惑星の名前をそれぞれ答えなさい。

　① 太陽系の惑星の中でただ1つ、液体の水が大量にあり表面積の約7割が水でおおわれている。

　② 太陽系の惑星で最も大きく、望遠鏡で観察をするときれいなしま模様が見える。

　③ 夕方に観察されるときは西の方角に観測され「宵の明星」、また明け方には東の方角に観測され「明けの明星」とよばれる。

　④ 地球に最も近い環境で生物が誕生していた可能性があるといわれ、地球からは赤く見える。

(2) 太陽系の惑星のうち、地球から真夜中に観測することができない惑星はどれですか。すべて答えなさい。また、それらの星が真夜中に観測することができないのはなぜですか。簡単に説明しなさい。

3 右の図は太陽を中心とした金星・地球・火星のようすを模式的に示しています。これについて、次の問いに答えなさい。

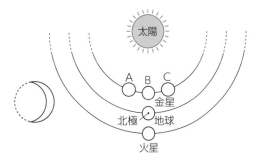

(1) A～Cのうち、東京で観測すると右の図のように見えるのは、金星がどの位置にあるときですか。図のA～Cから選び、記号で答えなさい。

(2) 火星が図の位置にあるとき、東京で火星が南中するのはいつごろですか。次のア～エから1つ選び、記号で答えなさい。

　　ア　明け方　　　イ　正午　　　ウ　夕方　　　エ　真夜中

- 動き方などを図に書きこまず、見ただけで解こうとして逆にしてしまう。
- 丸暗記すればできると思ってしまう。

例えばこんな場面で

下の図のアの位置に、11月14日の20時にカシオペヤ座が見えました。

次の（1）～（7）のときに、図のア～シのどの位置に見えるか答えなさい。

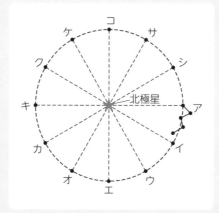

これ、動くの？なぜ？？
計算する…？？

（1）11月14日の24時には（　　　）の位置

（2）11月14日の18時には（　　　）の位置

（3）2月14日の20時には（　　　）の位置

（4）5月14日の20時には（　　　）の位置

（5）12月14日の18時には（　　　）の位置

（6）7月14日の22時には（　　　）の位置

（7）11月29日の21時には（　　　）の位置

📖 つまずき解消ポイント

☑️ **星が動いて見える理由は、地球の自転と公転！**
自転により1時間に15°、公転により1か月で30°動いているように見えます。

☑️ **動き方を図に書きこみましょう！**
北の空では反時計回りに動きますが、まちがえて逆にしてしまうミスがよくあります。

☑️ **計算は複雑ではありません！**
あわてず、あせらず、しっかりと。何度も練習しましょう。

解き方

　1日の中での星の動きのことを、**日周運動**といいます。夜空の星が動いて見えるのは、太陽や月が動いて見えるのと同じで、**地軸を軸として地球が自転をしているから**です。また、同じ時刻で比べると、1年の中でも星が動いているように見えます。これを**年周運動**といいます。これは、**地球が公転しているから**です。

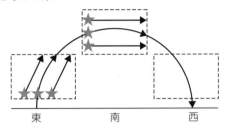
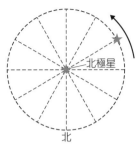

自転　1日で1周する　→　24時間で360°動く　→　1時間で15°動く

公転　1年で1周する　→　12か月で360°動く　→　1か月で30°動く

(1) 4時間進んでいるので、自転により60°動きます。アから反時計回りに進むので、<u>サ</u>。

(2) 2時間戻っているので、自転により30°動きます。アから逆向きに戻るので、<u>イ</u>。

(3) 3か月進んでいるので、公転により90°動きます。アから反時計回りに進むので、<u>コ</u>。
　または、9か月戻っているので、アから逆向きに270°動かしても答えは同じになります。

(4) 6か月進んでいるので、公転により180°動きます。アから反時計回りに進むので、<u>キ</u>。
　または、6か月戻っているので、アから逆向きに180°動かしても答えは同じになります。

(5) まず1か月進んでいるので、公転により30°動きます。ただし2時間戻っているので自転により、そこ（シ）から逆向きに30°動きます。よって、元通りの場所になりますね。<u>ア</u>。

(6) まず4か月戻っているので、公転により120°逆向きに動きます。ただし2時間進んでいるので自転により、そこ（オ）から反時計回りに30°動きます。よって、<u>エ</u>。

(7) まず15日進んでいるので、公転により15°動きます。また1時間進んでいるので、そこ（アとシの間）からさらに反時計回りに15°動きます。あわせて30°進むので、<u>シ</u>。

〈季節の星座について〉

春には、**春の大三角**というものがあります。

- うしかい座のアルクトゥルス
- おとめ座のスピカ
- しし座のデネボラ

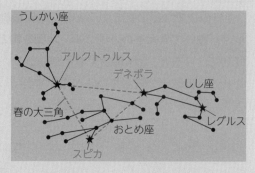

アルクトゥルスとスピカは1等星だけれど、デネボラは2等星であることに注意してください。また、しし座にはレグルスという1等星がありますが、これを結ぶとかなり細長い三角形になってしまうので、2等星のデネボラを使って三角形をつくっています。

夏には、**夏の大三角**というものがあります。

- わし座のアルタイル
- こと座のベガ
- はくちょう座のデネブ

- さそり座のアンタレス

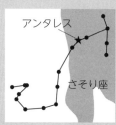

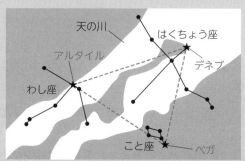

これらはすべて1等星です。わし座のアルタイルは、「ひこ星」や「けん牛星(ぎゅうせい)」と呼ばれることもあります。また、こと座のベガは「おりひめ星」や「織女星(しょくじょせい)」と呼ばれることもあります。わし座とはくちょう座の形については、しっかりと区別できるようにしておいてください。
さそり座が、夏に南の低い空に見える星座であることも覚えておきましょう。

冬には、**冬の大三角**というものがあります。

- オリオン座のベテルギウス
- こいぬ座のプロキオン
- おおいぬ座のシリウス

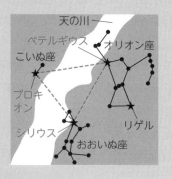

これらもすべて1等星です。**おおいぬ座のシリウスは、全天で最も明るい恒星(こうせい)です。**

オリオン座には、温度の高いリゲル（青白）と、温度の低いベテルギウス（赤）の2つの1等星があることを覚えておいてください。

また、**オリオン座の3つ星は、ほぼ真東から出てほぼ真西に沈み(しず)ます。**
東から出てくるときは縦(たて)ならびで、西に沈むときは横ならびになっています。

東　　　南　　　西

1 夏の星座について、次の問いに答えなさい。

(1) 夏の空の高いところに見える星座で、①デネブを含む星座、②ベガを含む星座、③アルタイルを含む星座をそれぞれ答えなさい。

(2) デネブ、ベガ、アルタイルの3つの星を結んでできる三角形を何といいますか。

(3) 七夕伝説のおりひめ星、ひこ星はそれぞれ何という星ですか。

(4) 夏の南の低い空に見られる、赤い1等星を含む星座を何といいますか。また、この星座の赤い1等星は何ですか。

2 右の図は、7月10日午後8時の北の空をスケッチしたものです。これについて、次の問いに答えなさい。

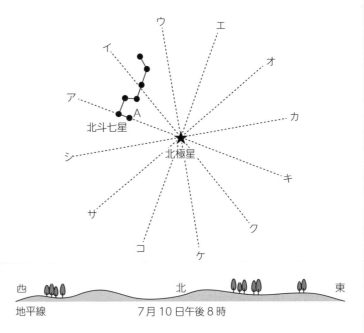

(1) 7月10日午後10時には北斗七星のAの星はどの線上にありますか。ア〜シより選び、記号で答えなさい。

(2) 1月10日午後8時には北斗七星のAの星はどの線上にありますか。ア〜シより選び、記号で答えなさい。

(3) 2月10日午後10時には北斗七星のAの星はどの線上にありますか。ア〜シより選び、記号で答えなさい。

3 右の図は日本のある場所で、同じ星を時間を変えて3回スケッチしたものです。Bは午後8時にスケッチしたもので、BとCは角度で45度差があります。Cは午後何時にスケッチしたものですか。次の中から選び、記号で答えなさい。

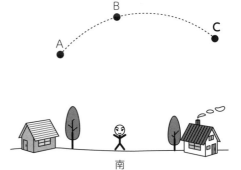

　　ア　午後5時

　　イ　午後6時30分

　　ウ　午後9時30分

　　エ　午後11時

4 天気や気温ってどう観測するの？
―気象観測―

- 百葉箱のしくみについて、それぞれ「なぜ」そのようになっているのか理由を知らない。
- 気温の変化について、正午が一番温度が高いとかんちがいしている。

例えばこんな場面で

天気について、次の問いに答えなさい。

(1) 「晴れ」や「くもり」の天気は、空全体を10としたときの、およその雲の量で決めます。これについて、正しいものを①～④から1つ選び、番号で答えなさい。
　① 雲の量が、0～5のときを「晴れ」として、6～10のときを「くもり」とする。
　② 雲の量が、0～6のときを「晴れ」として、7～10のときを「くもり」とする。
　③ 雲の量が、2～7のときを「晴れ」として、8～10のときを「くもり」とする。
　④ 雲の量が、2～8のときを「晴れ」として、9と10のときを「くもり」とする。

(2) 百葉箱が建てられているところとして、まちがっているものを①～④から1つ選び、番号で答えなさい。
　① 明るい場所　　　　　　② 箱の中心部分が地面から1.2～1.5mの高さのところ
　③ アスファルトの地面の上　④ 風通しの良いところ

(3) 百葉箱のとびらは、どちら向きにつくられていますか。　　向き？なんでもいいわけじゃないの？？
　①～④から1つ選び、番号で答えなさい。
　① 東　　② 西　　③ 南　　④ 北

(4) ある晴れた風のない日の、太陽の高さと気温の変化について、正しいものを①～④から1つ選び、番号で答えなさい。
　① 太陽の高さが一番高くなる時刻と気温が一番高くなる時刻は同じである。
　② 太陽の高さが一番高くなる時刻の前に気温が一番高くなる時刻がくる。
　③ 太陽の高さが一番高くなる時刻のあとに気温が一番高くなる時刻がくる。
　④ 季節によって、太陽の高さが一番高くなる時刻と気温が一番高くなる時刻の順番はちがっている。

📖 つまずき解消ポイント

☑ 雲の量によって「快晴」「晴れ」「くもり」が決まる！
空全体を10としたとき、0～1が快晴、2～8が晴れ、9～10がくもり、となります。

☑ 百葉箱のしくみは理由と合わせて覚える！
どんな意味があるのか理解することが大切です。

☑ 太陽が南中してから気温が最高になるまで2時間ずれる！
12時頃に南中→13時頃に地温が最高→14時頃に気温が最高、となります。

解き方

(1) ④
- 快晴　　0～1
- 晴れ　　2～8
- くもり　9～10

〈主な天気記号〉

快晴　　晴れ　　くもり　　雨　　雪

(2) ③　(3) ④

図のようなものを学校などで見たことはありますか。この中に小鳥は入っていませんね。

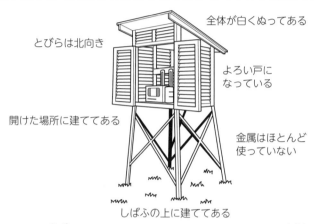

全体が白くぬってある

とびらは北向き

よろい戸になっている

開けた場所に建ててある

金属はほとんど使っていない

しばふの上に建ててある

これを**百葉箱**といいます。素晴らしいことに、この箱にはいろいろな工夫がしてあります。どんな工夫をしてあるのでしょうか?確認してみましょう。

① 全体が白くぬってある。理由は「光を反射させるため」。黒い色は光を吸収するから、百葉箱内の温度が上がってしまいますね。

② 金属がほとんど使われていない。理由は「熱を伝えにくくするため」。金属は熱を非常に伝えやすいので、木でできているものが多いです。

③ よろい戸になっている。理由は「直射日光が当たらないようにしながら、風通しをよくするため」。窓のブラインドを想像してみてください。風は通しながらも、直射日光や雨や雪が入りにくくなっていますね。

④ 下がしばふになっている。理由は「地面からの熱の影響をさけるため」。下がアスファルトだと温度が高くなってしまいますね。でもしばふの場所はそんなに多くないので土の上に建っていることも多いです。

⑤ とびらは北向きになっている。理由は「とびらを開けたときに直射日光が入らないようにするため」。日本では太陽は東→南→西を通るので、北側なら大丈夫そうですね。

⑥ 開けた場所に建ててある。理由は「熱がこもらないようにするため」。夏の暑い日に、窓のないトイレに入ることを想像するとわかりやすいですね。

（4）③

太陽はまず地面をあたためて、そのあたためられた地面から熱がにげて空気をあたためます。
だから地面が一番あたたかくなる時刻は、太陽が南中した12時頃より遅い13時頃。
そして気温が最も高くなるのは14時頃と少しずれます。

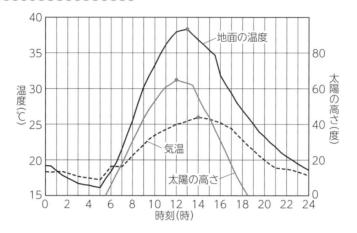

✎ 得意にするための1歩

〈温度計の読み方〉

　はかるときは風通しの良い、日影になっている場所で、1.2mから1.5mの高さではかることになっています。また1日に1回はかるときには、午前9時にはかります。この午前9時の気温は、1日の平均気温に一番近いからです。目の位置は読む場所の真横がいいですよね。

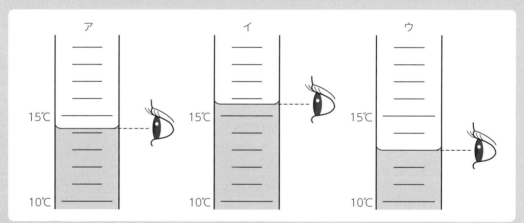

温度の単位は「℃」で表すことは知っていますよね。「ア」の温度は何度だと思いますか？
これ、14℃は超えているけど、真ん中よりはちょっと下ですよね。14.3℃くらいでしょうか。
「イ」は何度くらいでしょう。真ん中より少し上ですね。15.6℃くらいでしょうか。
10℃から15℃までで、1目もりが1℃だから、目分量で0.1℃まで読むことができます。このように最小目もりの10分の1まで目分量で読むようにします。

では、「ウ」を読んでみて。13℃って答えたらバツです。正しくは、どう答えたらいいのでしょう。そう、13.0℃としないといけません。目もりぴったりのときは気をつけましょう。

1 右の図は、気温や湿度をはかる器具を入れて測定する建物です。これについて、次の問いに答えなさい。

(1) 図の建物の名前は何といいますか。

(2) この建物のとびらは、どちらの方角を向いていますか。東・西・南・北で答えなさい。

(3) 図の建物のAの部分はどのようになっていますか。次から選び、記号で答えなさい。

(4) Aのような、すきまのある戸を使うのは何のためですか。次の中から、まちがっているものを選び、記号で答えなさい。

　ア　雨が温度計に当たらないようにするため。

　イ　日光が温度計に当たらないようにするため。

　ウ　風通しをよくするため。

　エ　外の気温の変化を受けないようにするため。

2 気温や地温のはかり方について、次の問いに答えなさい。

(1) 温度計を読み取るときはどの位置から読みますか。右の図のア〜ウより選びなさい。

(2) 右の図のとき、何℃でしょうか。数字で答えなさい。

(3) アルコール温度計は、液面のどの位置の目もりを読みますか。次のア〜ウより選びなさい。

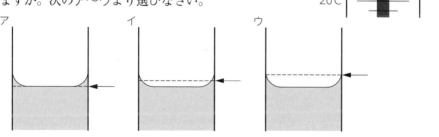

(4) 気温はふつう、地面からどれくらいの高さではかりますか。次のア〜エより選びなさい。

　ア　0〜20cm　　イ　30〜50cm　　ウ　80〜100cm　　エ　120〜150cm

天気のしくみがわからない……
─季節と天気─

- 空気がどのようにして動いていくのか知らない。
- 高気圧と低気圧について、重要なポイントを理解していない。

例えばこんな場面で

空気の流れから天気を考えてみたいと思います。下記の問いに答えなさい。

(1) 図1は、ある空間に熱源（ストーブなど）を入れたところを横から見たものです。空気はどのように動きますか。最も適当なものを次のア～カより1つ選び、記号で答えなさい。また、その動きを何といいますか。漢字二字で答えなさい。

図1

熱源

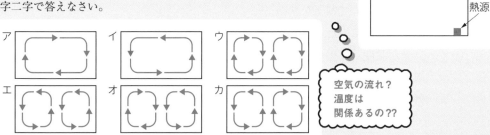

空気の流れ？
温度は
関係あるの？？

(2) 熱源を図2のように、もうひとつ追加しました。空気の流れはどのようになりますか。最も適当なものを(1)のア～カより1つ選び、記号で答えなさい。

図2

追加した
熱源

次に、自然界で考えてみます。陸と海の境目でふく風を1日単位で考えます。

(3) 昼間、太陽の光で熱せられやすいのは陸と海のどちらですか。

図3

陸　　海

(4) 昼間、図3のモデルではどのように空気が流れますか。
最も適当なものを(1)のア～カより1つ選び、記号で答えなさい。

(5) 海岸で夜間にふく風は陸と海のどちらからですか。

さらに大きな範囲で考えてみます。図4は日本付近の地図です。この付近の空気の流れを1年単位で考えます。

(6) 夏に、より熱せられるのはAとBのどちらですか。

(7) 地表付近で風がふき出すところを高気圧、ふきこむところを低気圧といいます。夏はAとBのどちらが高気圧になりますか。

図4

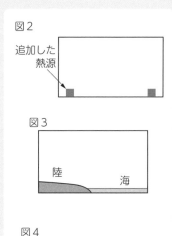

📖 つまずき解消ポイント

✅ **まずは風がふくしくみを理解しましょう！**

太陽やストーブなど、あたためるものに注目することが大事です。

✅ **温度の差ができるから空気の流れができます！矢印を書きましょう！**

あたためられた空気は膨張（ぼうちょう）して上昇（じょうしょう）します。上向きの矢印を書きましょう。

✅ **まわりより気圧が低い部分が低気圧、まわりより気圧が高い部分が高気圧！**

上昇気流（じょうしょうきりゅう）が起きているところに低気圧、下降気流（かこうきりゅう）が起きているところに高気圧があります。

（解き方）

(1) あたためられた空気は上昇するので、その部分に①上向きの矢印を

書きます。

ぶつかったら②横向きの矢印となります。またぶつかったら今度は③

下向きです。最後に④右向きで一周しましたね。これは<u>イ</u>と同じですね。

このような空気の流れを<u>対流</u>（たいりゅう）といいます。

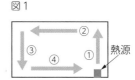

図1

(2) (1) 同様に、上向きの矢印を書きましょう。

そうすると、あとは<u>オ</u>のようになることがわかりますね。

(3) 例えば夏の暑い日に、砂浜（すなはま）を裸足（はだし）で歩くことを想像してみてく

ださい。すごく砂が熱くなっていますね。でも、海に入ったら熱

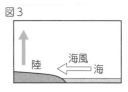

図2

くないですよね。昼間、陸は海より熱くなっています。陸（砂）は、あたたまりやすくて冷め

やすいのです。よって、太陽の光で熱せられやすいのは<u>陸</u>となります。

(4) あたたまりやすい場所から上向きに矢印を書きます。

このあとは（1）と逆向きになりますね。よって答えは<u>ア</u>。

なお昼間は、陸と海を比べると、陸の方が温度が高くて海の方が温度が

低いということになります。すると、(1) アのように空気が対流します。

図3

風向きでは、風がどこからふいてくるかが大事です。この場合、地表付近では海の方から風が

ふいてくるのはわかりますね。ということで、昼には海風がふきます。

(5) 夜は昼間の反対と考えればよいので、陸風がふきます。陸風は<u>陸</u>からふきます。なお、朝と

夕方は温度差がないので風がふきません。このときを「風」の「几」に「止」と書いて「凪」（なぎ）

といいます。

(6) さらに大きな範囲で考えてみると、Aは大陸があり、Bは海ですね。つまり、図3とほぼ同

じ状態です。夏に熱せられるのは陸なので<u>A</u>となります。

(7) 上昇気流が起こっているAには低気圧、下降気流が起こっているBには高気圧が存在（そんざい）しま

す。なお、低気圧のところは上昇気流により、雲ができて天気が悪くなることが多いです。

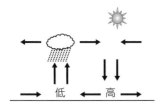

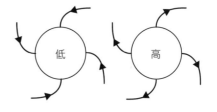

〈山風と谷風〉 〈季節風〉

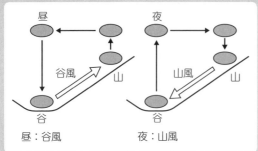

昼：谷風　　　　夜：山風

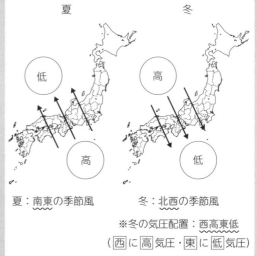

夏：南東の季節風　　　冬：北西の季節風

※冬の気圧配置：西高東低
（西に高気圧・東に低気圧）

〈偏西風〉

日本の上空では、**西から東へ**と風がふいています。この風のことを、**偏西風**といいます。
この風の影響を受けて、天気は西から東へ移動していきます。

〈季節と天気〉　※下の画像は、気象衛星**ひまわり**から撮ったもの

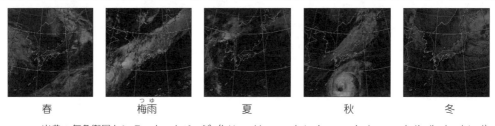

春　　梅雨　　夏　　秋　　冬

出典：気象衛星センターホームページ（https://www.data.jma.go.jp/mscweb/ja/index.html）

春　天気が変わりやすい時期。3〜4日おきに晴れの日とくもりや雨の日がくり返されてい
　　くことが多い。

梅雨　東西に長く雲の帯ができている。これは**梅雨前線**による雲である。

夏　全体的にあまり雲がかかっていないように見える。**南東の季節風**の影響で、太平洋側で
　　は雨が多くて、日本海側では晴れの日が多い。**夕立**が降ることも多い。

秋　春と同じように天気がころころ変わりやすい時期。この時期に**台風**が上陸することが多
　　い。秋の衛星画像の南の方にある「うずまき状」の雲が台風（赤道付近でできた**熱帯低
　　気圧**が海上で発達し、中心付近の最大風速が**秒速17.2m以上**になったもの）。

冬　**北西の季節風**の影響で、日本海側では雪や雨の日が多くて、太平洋側では晴れの日が多
　　い。東京だと、乾そうしてくちびるが切れたり、手がカサカサになったりしやすい。冬
　　の画像の特徴は、図の中で左上から右下に向かってネコがニャーって引っかいたり、
　　はけで書いたりしたような「すじ状の雲」があること。

1　図1の①〜③はある日の日本付近の気象衛星による画像です。あとの各問いに答えなさい。

図1

①

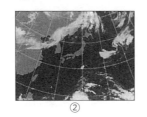
②

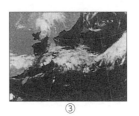
③

(1)　この画像を撮影した、日本の気象衛星の名前をひらがな4文字で答えなさい。

(2)　次のア〜ウの文章は、それぞれ①〜③の日の天気のようすです。ア〜ウにあてはまる画像を①〜③よりそれぞれ選び、番号で答えなさい。

　　ア　日本列島は太平洋高気圧におおわれ、全国的に晴れている。東京は最高気温が35.7度で6日連続の猛暑日を記録した。

　　イ　梅雨前線が北上して、活発な雨雲が九州北部にかかり続け、午前中に長崎県雲仙岳では1時間に73.5ミリ、熊本県甲佐で68ミリなど、非常に激しい雨が降った。

　　ウ　サハリンには発達した低気圧があり、全国的に西高東低型の気圧配置が強まった。日本海にすじ状の雲が見られ、日本海側の広い範囲で雪が強まり、中国地方の山地では24時間の降雪量が50センチを超えた。

(3)　図2の天気図は①〜③のどの日のものですか。正しいものを1つ選び、番号で答えなさい。

図2

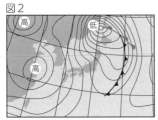

(4)　次の文は日本の冬の天気の特徴を説明したものです。文中の空らん①〜⑤に入る言葉を、あとのア〜カよりそれぞれ選び、記号で答えなさい。ただし、同じ記号を何度使っても構いません。

> 　日本では冬になると（①）の冷たい風がふき、その風は、（②）の上で（③）空気を取りこみ、水分をたくさん含む。それが日本列島の中央部の山にぶつかり、（④）側に雪を降らせて、（⑤）空気になる。

ア　南東　　　イ　北西　　　ウ　太平洋　　エ　日本海
オ　かわいた　　カ　しめった

6 表の中に答えはあるの？
—湿度—

- 表だけを見て、答えがあると思っている。
- 湿度が何を表すか知らない。

例えばこんな場面で

　目には見えませんが、わたしたちのまわりの空気中には、水蒸気が含まれています。空気中に含むことのできる水蒸気の量には限度があり、その限度をこえると、水蒸気は水滴になります。空気1㎥中に含むことができる水蒸気の最大量は、飽和水蒸気量と呼ばれ、あとの表1のように温度が上がるほど大きくなります。

　また、「湿度」とは、空気中に含まれている水蒸気の量が、そのときの温度（気温）における飽和水蒸気量の何％にあたるかを表したもので、次の式から「湿度」を計算することができます。これらのことを参考にして、あとの問いに答えなさい。

表1

気温(℃)	飽和水蒸気量(g)	気温(℃)	飽和水蒸気量(g)
12	10.7	22	19.4
14	12.1	24	21.8
16	13.6	26	24.4
18	15.4	28	27.2
20	17.3	30	30.4

$$湿度(\%) = \frac{空気 1m^3 中に実際含まれる水蒸気量(g)}{その温度（気温）での飽和水蒸気量(g)} \times 100$$

くもり始め？
これ計算なの??

(1) 右の図1のように金属製のコップにくみ置きの水を入れ温度をはかると、24℃で部屋の温度と同じでした。次に図2のように氷を入れた試験管をゆっくり動かして水温を少しずつ下げていくと、20℃でコップの表面に水滴がつき、コップの表面がくもり始めました。次の問いに答えなさい。

① この部屋の空気1㎥中に含まれている水蒸気の量は何gですか。

② (1)のとき、この部屋の湿度は何％ですか。小数第1位を四捨五入して、整数で答えなさい。

(2) 気温30℃、湿度80％の空気1㎥中に含まれる水蒸気の量は何gですか。小数第2位を四捨五入し、小数第1位まで答えなさい。

(3) 気温26℃で湿度80％の空気1㎥中の温度を12℃まで下げると、何gの水滴が生じますか。小数第1位を四捨五入して、整数で答えなさい。なお、空気中に含みきれなかった水蒸気がすべて水滴になったとして考えなさい。

そもそも湿度って
何だっけ…？

📖 つまずき解消ポイント

☑ **湿度とは、空気のしめり具合を数字で表したもの！**
全体の中に水蒸気がどれだけあるのか、の割合（わりあい）です。

☑ **表の中に答えはありません！計算に必要な数字を探しましょう。**
水蒸気の量が大切です。温度や「くもった」という言葉に注目。

☑ **式を立てたら、あとは計算あるのみ！**
何度も練習して慣れていきましょう。くり返し学習することが大事です。

解き方

解説をする前に、ひとつ確認（かくにん）します。下の図において、A～Cの色のついた部分はそれぞれコップの何％くらいに見えますか？だいたい、Aは100％、Bは75％くらい、Cは50％くらいに見えれば、この例題はもう解けたようなものです。イメージすることが大切ですね。あとは計算するだけなのです。

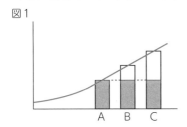

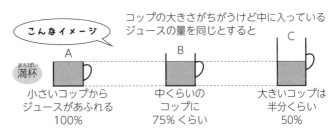

こんなイメージ

コップの大きさがちがうけど中に入っているジュースの量を同じとすると

A 満杯（まんぱい）　小さいコップからジュースがあふれる 100％

B 中くらいのコップに 75％くらい

C 大きいコップは半分くらい 50％

（1）①まず、かんたんに図を書いてみます。
横軸（じく）が気温、縦軸（たて）が飽和水蒸気量です。ここで「20℃でコップの表面に水滴がつき、コップの表面がくもり始めました」という言葉に注目してください。特に「くもり始め」。

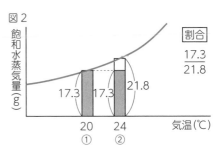

「くもる」ということは目に見えています。
色のついていない気体は目に見えませんから、それは水蒸気ではなく、液体の水ということです。つまり、図2の①部分のことで湿度は100％になります。また、このとき（湿度100％のとき）の温度を「露点（ろてん）」といいます。20℃のとき、空気1㎥中に含むことができる水蒸気の最大量は17.3gということが表1からわかります。

②次に、図2の②部分です。24℃のとき飽和水蒸気量が21.8gであることは表1からわかります。そのうち17.3gが水蒸気だということは①でわかりました。あとはこの割合です。21.8g含むことができて、その中に17.3gが入っている。それは全体の何％かということを知りたいのです。つまり、湿度は、 $\dfrac{17.3}{21.8} \times 100 = \dfrac{1730}{21.8} = 79.3\cdots\%$ よって、79％です。

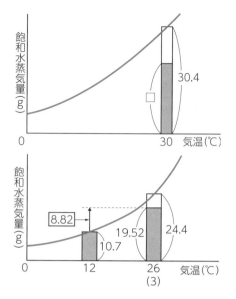

(2) 右図のようになります。表1より、30℃のとき水
蒸気は30.4gまで含むことができるとわかります。その中の80%がいくつか知りたいのです。

つまり、含まれる水蒸気量は、$30.4 \times \dfrac{80}{100} = 24.32g$

小数第2位を四捨五入するので、<u>24.3g</u>となります。

(3) 右図のようになります。表1より、26℃のとき水
蒸気は24.4gまで含むことができるとわかります。その中の80%は、$24.4 \times \dfrac{80}{100} = 19.52g$

こちらも表1より、12℃まで下げると水蒸気は10.7g
までしか含むことができないとわかるので、
19.52-10.7＝8.82 gの水滴が生じます。四捨五入し
て整数で答えると、<u>9g</u>です。

✎ **得意にするための1歩**

〈湿度の求め方（表）〉

　空気のしめり具合を「湿度」という言葉で表しますが、求める方法は計算だけではありません。ここでは温度計や表から読み取る方法を学習していきます。

湿度を簡単に測定するのに図1のように温度計を2本使います。1本にはしめったガーゼを巻きつけて、もう1本には何もつけません。このようにしておくとガーゼから水分が蒸発していくので2本の温度計の目もりに差が出ます。このとき、表1を見て湿度を調べることができます。

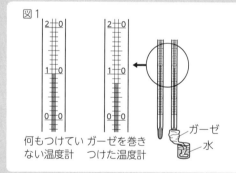

図1
何もつけていない温度計　ガーゼを巻きつけた温度計　ガーゼ　水

表1

何もつけていない温度計の温度(℃)	ガーゼを巻きつけた温度計との差(℃)				
	0.5	1.0	1.5	2.0	2.5
15	94	89	84	78	73
14	94	89	83	78	72
13	94	88	82	77	71
12	94	88	82	76	70
11	94	87	81	75	69
10	93	87	80	74	68

何もつけていない温度計は10.0℃、水にぬれたガーゼを巻きつけた温度計は8.0℃、その差は2.0℃なので、これが交差するところを探してみましょう。ぶつかるところには74という数字が書いてありますね。だから湿度が74%と読み取れます。

また、何もつけない左側の温度計のことを乾球といい<u>気温</u>を表しています。水にぬれたガーゼを巻きつけた右側の温度計のことを湿球といいます。

なお、特に晴れの日は2本の温度計の差が大きくなります。
これは、ガーゼからたくさん水が蒸発して、ガーゼを巻きつけた温度計の温度が下がるからです。温度が下がっていない方は、気温を表すこともあわせて覚えておきましょう。

1 百葉箱内の乾湿計（かんしつけい）の示す温度は図のようになっていました。このときの気温は何℃ですか。また、このときの湿度（％）を湿度表を使って求めなさい。

図

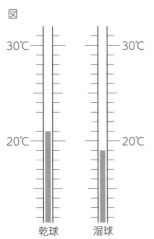

湿度表

%	乾球と湿球との目もりの読みの差(℃)									
	0	1	2	3	4	5	6	7	8	9
乾球の目もりの読み(℃) 30	100	92	85	78	72	65	59	53	47	41
29	100	92	85	78	71	64	58	52	46	40
28	100	92	85	77	70	64	57	51	45	39
27	100	92	84	77	70	63	56	50	43	37
26	100	92	84	76	69	62	55	48	42	36
25	100	92	84	76	68	61	54	47	41	34
24	100	91	83	75	68	60	53	46	39	33
23	100	91	83	75	67	59	52	45	38	31
22	100	91	82	74	66	58	50	43	36	29
21	100	91	82	73	65	57	49	42	34	27
20	100	91	81	73	64	56	48	40	32	25

2 図は、部屋の中の温度と湿度を調べたときの、乾球と湿球のようすを模式的（もしき）に示したものです。また、表1は湿度表の一部で、表2はそれぞれの気温において空気1㎥に含むことのできる水蒸気の量（飽和水蒸気量）をまとめたものです。これについて、あとの（1）～（5）に答えなさい。ただし、この部屋の中にある水蒸気の量は変わらないものとします。

図

30℃ ─ ─ 30℃

20℃ ─ ─ 20℃

乾球　湿球

表1

		乾球と湿球との示す温度の差(℃)									
		0.0	0.5	1.0	1.5	2.0	2.5	3.0	3.5	4.0	4.5
乾球の示す温度(℃)	25	100	96	92	88	84	80	76	72	68	65
	24	100	96	91	87	83	79	75	71	68	64
	23	100	96	91	87	83	79	75	71	67	63
	22	100	95	91	87	82	78	74	70	66	62
	21	100	95	91	86	82	77	73	69	65	61
	20	100	95	91	86	81	77	73	68	64	60

表2

温度(℃)	15	16	17	18	19	20	21	22	23	24	25
飽和水蒸気量(g／m³)	12.8	13.6	14.5	15.4	16.3	17.3	18.3	19.4	20.6	21.8	23.1

（1）この部屋の温度は何℃ですか。また湿度は何％ですか。

（2）この部屋の1㎥あたりに含まれる水蒸気の重さは何gですか。整数で答えなさい。

（3）この部屋で、くみ置きした水を入れたコップに氷を入れて冷やしていくと、コップの表面がくもり始めました。このときの水の温度として、正しいものはどれですか。次のア～エから1つ選び、記号で答えなさい。

　ア　15℃以上16℃未満　　　イ　16℃以上17℃未満

　ウ　17℃以上18℃未満　　　エ　18℃以上19℃未満

（4）この部屋の温度が25℃に上昇（じょうしょう）したときの湿度は何％ですか。整数で答えなさい。

（5）（4）のとき、湿球が示した値（あたい）は何℃ですか。

7 地層って計算もあるの？ 柱状図？？
―地層―

- 「凝灰岩」や「火山灰」が重要ポイントだと知らず、どれも同じように見てしまっている。
- 同じようなパターンがあることを知らない。

例えばこんな場面で

図1はある地域の地形図で、曲線は海面からの高さが等しい地点を結んだ等高線です。図1のA地点とC地点の地下を掘って地層の重なり方を調べ、そのようすを図2のような柱状図に表しました。これについて、あとの問いに答えなさい。ただし、この地域の地層は東西の方向にだけ同じ角度でかたむいていることがわかっています。

ん？かたむいている…？？

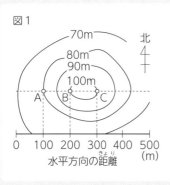

図1

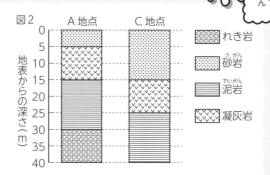

図2

(1) 火山灰が押し固められてできた岩石は、A地点では何m掘ったところではじめて見られますか。

(2) この地域の地層は東西どちらの方向に低くなるようにかたむいていますか。また、そのかたむきによって、水平に100m動いたとき、それぞれの層が何m下がることになりますか。

(3) 図1のB地点で地下を掘って地層の重なり方を調べると、地表から何m掘ったところで凝灰岩の層に到達しますか。

📖 つまずき解消ポイント

☑ **図の中に数字を書きこむこと！**
　頭の中だけで解こうとしても難しく感じてしまいます。まず書いて、それを見て考えましょう。

☑ **等高線の数字を確認しましょう！**
　最初は、見たらわかる等高線の数字から書きましょう。次に凝灰岩の位置を計算します。

☑ **「凝灰岩」「火山灰」この2つは特に重要です！**
　火山が噴火したら出てくるものです。手がかりになることが多いので、必ず確認しましょう。

解き方

（1）火山灰が押し固められてできた岩石を「凝灰岩」といいます。図2を見ると、A地点は地表からの深さが5mの位置より下に凝灰岩があるので、<u>5m</u>掘ったところではじめて見られることがわかります。ちなみにC地点は同様に考えると、15m掘ったところではじめて見られることがわかりますね。じゃあB地点は間の10mでしょう！とはなりません。それは地表面の高さ<ruby>異<rt>こと</rt></ruby>なるし、問題文にも書いてある通り、「<u>この地域の地層は東西の方向にだけ同じ角度でかたむいている</u>」からです。問題文に書いていなかったとしても気づくようになってほしいです。その方法を確認しましょう。

（2）図1に書いてある等高線の数字を、図2に書きこみます。そしてそのあと、そこから何m掘ったか図2の深さから考えて計算すると、下のようになります。ここまで右の図に書きます。

A地点：凝灰岩は、80－5＝<u>75</u>m地点にある。
C地点：凝灰岩は、100－15＝<u>85</u>m地点にある。

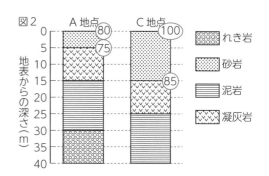

図2

ここでA地点とC地点の凝灰岩の位置を比べます。
「75」と「85」、数字がちがいますね。これは地層がかたむいているからです。この2つの数字より、A地点の方が10m下がっていることがわかりますね。よって、西の方が10m下がっています。でも、A地点とC地点は200m離れているので、ここで10mとまちがえて答えないように気をつけましょう。「東西に200m離れて10m下がっている」ので、問題文通り100m離れている場合は5m下がり、<u>西、5m</u>が答えとなります。

（3）B地点は、C地点と同じ等高線上にあります。つまり海面から100mの地点です。また、（2）で求めたように、C地点から100m西にあるB地点では、地層が5m下がっているはずですね。よって、C地点の凝灰岩が見られる85mより5m下がっていることになります。つまり85-5＝80m地点に凝灰岩の層が見られるはずです。B地点の海面から100mの地点から<u>20m</u>掘ると、80m地点に到達しますね。なお、地表から<ruby>垂直<rt>すいちょく</rt></ruby>に<ruby>穴<rt>あな</rt></ruby>を掘って地下のようすを調べることをボーリング調査といいます。

このように、まずは柱状図に数字を書きこんで、その数字がちがっていたらそこから考えていけば問題を解くことができます。その際、「凝灰岩」や「火山灰」など、火山の噴火に関わる言葉を<ruby>探<rt>さが</rt></ruby>しましょう。

〈地層の重なり方〉

① **整合**：小石・砂・泥・火山灰などの層が、途切れることなくたい積している状態のことです。

② **不整合**：右の図のぐにゃぐにゃした線の上の部分と下の部分の関係を**不整合**といいます。これは、非常に大切です。この不整合は、**昔この土地が陸地になった証拠**なのです。地層は基本的には海の中や海面でできるのですが、大きな地震やその他の原因で陸になることがあります。その部分に風がふいたり雨が降ったりして、けずられてしまうことがあるのです。

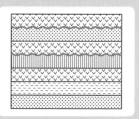

この不整合の部分を**不整合面**といいます。右図は何回陸になったことがあるかわかりますか。…正解は3回です。

えっ、不整合面が2つあるから2回じゃないですかと思ってはないですか。だって、過去に2回陸になったことがあり、今も陸になっているということですよね。だから3回。

> 陸になった回数 ＝ 不整合面の数 ＋ 1

③ **傾斜**：これはかたむいているということだけです。

でも今回の例題のように出てくると難しく感じますね。

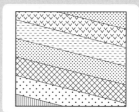

④ **しゅう曲**：両側から押す力がはたらいて、地層がぐにゃっと曲がってしまうことを**しゅう曲**といいます。

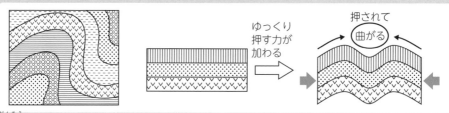

⑤ **断層**：大きな地震があると必ず話題になる、**断層**。大きな力がはたらいて、地層が一気にずれてしまうことをいいます。断層には主に2つあります。

1つ目

両方から引く力が加わって地層がずれてしまうことを**正断層**といいます。

2つ目

両方から押す力が加わって地層がずれてしまうことを**逆断層**といいます。

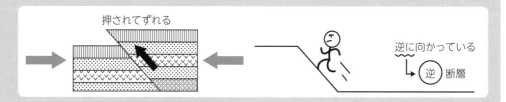

1 図1は、ある地域の地形を表したものであり、図中の線は等高線、数値は標高を表しています。また、図1の点線は上空から見たＡＸ間の距離を表しています。図2は、図1のＡ〜Ｃの各地点の地層の重なりについて調べて表したものです。それぞれの地層は平行に重なり、上下の逆転や断層は見られませんでした。また、この地域に凝灰岩の層は1つしかありませんでした。あとの問いに答えなさい。

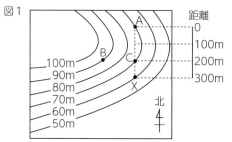

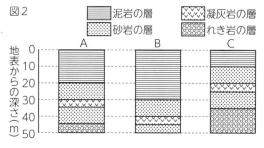

(1) この地域の地層には、かたむきが見られます。図1と図2から判断して、地層はどの方向に行くにつれて低くなっていると考えられますか。次のア〜エの中から1つ選び記号で答えなさい。

ア 東　　イ 西　　ウ 南　　エ 北

(2) 図1のＸ地点において、下向きに穴を掘り、地層の重なり方を調べました。凝灰岩の層は、地表からおよそ何ｍ掘ったところで見られますか。

2 図1のＡ、Ｂ、Ｃの3地点でボーリング調査を行い、図2の柱状図を作成しました。あとの問いに答えなさい。なお点Ｂから見て、点Ａは真西、点Ｃは真南にあります。

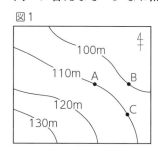

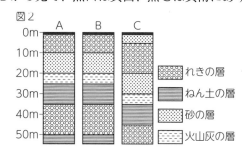

(1) この地域の地層は、ある方向に下がるようにかたむいていることがわかっています。どの方向に下がるようにかたむいていますか。正しいものを次のア〜クから1つ選び、記号で答えなさい。

ア 東　　　イ 西　　　　ウ 南　　　　エ 北
オ 南東　　カ 南西　　　キ 北西　　　ク 北東

(2) Ａ、Ｂ、Ｃの3点の水平方向の距離を測定するとＡＢ間とＢＣ間はそれぞれ200m、ＡＣ間は280mでした。この地層のかたむきは、水平方向に100m進むと何ｍ下がるようなかたむきですか。正しいものを次のア〜カから1つ選び、記号で答えなさい。

ア 3m　　イ 5m　　ウ 7m　　エ 10m　　オ 14m　　カ 20m

8 この図って何を表しているの？
—地震—

- P波とS波について、どちらの線を表しているか理解していない。
- 地震のグラフにおけるポイントを知らずに解こうとしている。

例えばこんな場面で

　地震が起きると、速さが異なる2種類の地震波が同時に発生します。1つはP波と呼ばれる波で、もう1つはP波よりも速さのおそいS波と呼ばれる波です。図は地震発生後、震源からの距離と、P波とS波の到達時刻の関係を表しています。あとの問いに答えなさい。

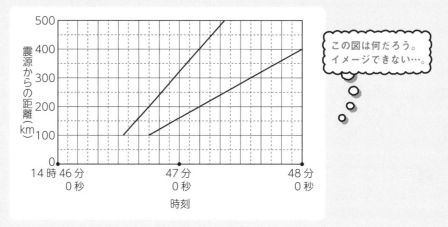

この図は何だろう。
イメージできない…。

(1) P波の速さは秒速何kmですか。

(2) この地震の発生時刻を求めなさい。

(3) P波が到達してからS波が到達するまで100秒の差があったとき、震源からの距離は何kmですか。

📖 つまずき解消ポイント

☑ **まずは基本の形を理解しましょう！**
　本来は地震発生時刻の場所から2つの波が出ています。

☑ **P波とS波のちがいについて理解しましょう！**
　最初に来る波がP波、あとから来る波がS波です。この例題の図では左側の線がP波となります。

☑ **P波が来てからS波が来るまでの時間と、震源からの距離の関係に注目！**
　比例の関係になっています。これを意識してうまく使いこなしていきましょう。

解き方

(1) 速い波であるP波の方が先に到着するはずなので、図では左側の線がP波となります。

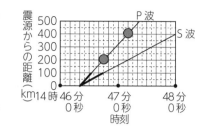

400km地点を見てください。14時47分10秒に到達しています。

200km地点では14時46分45秒であることが図より読み取れるので、14時47分10秒−14時46分45秒＝25秒間に、400km-200km＝200km進んだことがわかりますね。

よって、200÷25＝8なので、秒速8km となります。

(2) この2本の線をのばしたところが地震発生時刻です。

14時46分20秒

なお、(1) でP波は200km進むのに25秒かかることがわかったので、

14時46分45秒-25秒＝14時46分20秒、と解くこともできますね。

(3) ここで重要ポイントを説明します。

まず右図を見てください。

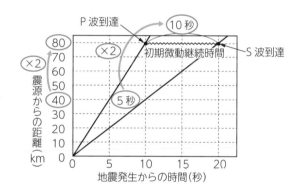

これが基本の形です。P波が到達してからS波が到達するまでの時間を初期微動継続時間といいます。この初期微動継続時間と震源からの距離は比例していますね。これが非常に大切なポイントです。

今回の例題でいえば、

400km地点での初期微動継続時間は50秒です。

100秒になるのは2倍の距離なので、800km ですね。

なお、他の地点でも本当にそうなのか、一応確認してみましょう。

例えば200km地点……25秒！良さそうですね。

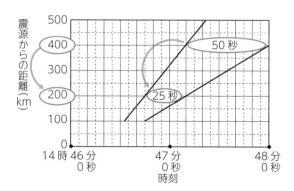

〈重要用語の整理〉

- **P波**（初期微動をもたらす小さなゆれを伝える波）…約8km/秒　先に到達します。
- **S波**（主要動をもたらす大きなゆれを伝える波）…約4km/秒　P波よりあとに到達します。

※P波が到達してからS波が到達するまでの時間を初期微動継続時間といいます。

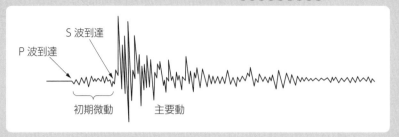

みんなはニュース速報で、

「地震のニュースをお知らせします。先ほど、午後△時□分ごろ、○○地方で地震がありました。震源は○○県中部、震源の深さは約10km。地震の規模を示すマグニチュードは5.8です。各地の震度をお伝えします。震度5強は……。なおこの地震による津波の心配はありません。」というような内容の放送を聞いたことはありますか。重要な言葉がでてきましたよ。

- **マグニチュード**…地震の規模（エネルギー）を表す値。

　　　　　　　一つの地震に対して一つしかありません。Mで表すことがあります。

```
          M8.0
×約32 ┌→ M7.0  ┐×1000
          M6.0 ┘
```

　　※マグニチュードが2上がると、規模は1000倍になると決めています。

　　2段階で1000倍なので、□×□＝1000→約32×約32＝1000より、1段階上がると地震の規模は約32倍となりますね。なお、目安としてはM7.0〜7.9は1年に1〜2回程度、M8.0〜8.9は10年に1回程度です。

- **震度**…その場所がどれだけゆれたかを表す値。

　　震度0から最大震度7（0・1・2・3・4・5弱・5強・6弱・6強・7）までの10段階に分かれています。基本的に、震源に近ければ、より大きい震度となりますが、震源からの距離が同じであったとしても、それぞれの土地の地質状態などによって、震度が異なることも多いです。

※マグニチュードと震度を逆にしないように気をつけましょう！まちがえやすいところです。

1 次の問いに答えなさい。

(1) 右の図のような地方において、×印の地下で地震が
発生したとすると、最もゆれが大きいと考えられる
土地をア〜エより1つ選び、記号で答えなさい。た
だし、特別な条件は考えないものとします。

(2) (1) のとき、ゆれの開始時刻がイの地点と同じだっ
た場所をア・ウ・エの中より1つ選び、記号で答え
なさい。

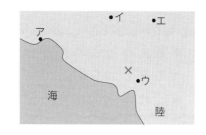

2 右の図はある地点Aで地震のゆれを記録したものです。
aの部分はP波、bの部分はS波という波によるゆれ
を記録しています。P波の伝わる速さは1秒に5km、S
波は3kmです。次の問いに答えなさい。

(1) 地震が地点Aから30km離れたところで発生し（地
震が発生したところを震源といいます）、P波とS
波が同時に震源から出ました。P波、S
波は震源を出てから何秒後に地点Aにつきま
すか。それぞれ数字で答えなさい。

(2) 上の図のaの部分は何秒間続きますか。

(3) 別の地震では同時に震源を出たP波とS波が16秒差で記録されました。この地震の震
源は何km離れたところにありますか。

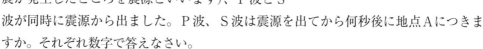

3 地震が起こると、速さが異なる2種類の地震波が同時に
発生します。1つはP波と呼ばれる波で、もう1つはP
波よりも速さのおそいS波と呼ばれる波です。右のグラ
フA・Bは、ある地震で発生した2種類の波を観測した
ときの、震源（地震が発生した場所）から観測地点まで
の距離と、震源から地震波が観測地点に到達するまでの
時間の関係を示しています。地震波の速さは、場所に関
係なく常に一定であると考えて、次の問いに答えなさい。

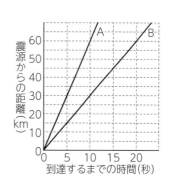

(1) グラフAはP波を表しています。この波の速さは秒速何kmですか。整数で答えなさい。

(2) このグラフを利用すると、2つの波が到着する時間の差を使って、観測地点の震源から
の距離を求めることができます。この時間の差が25秒である観測地点の震源からの距
離は何kmですか。

(3) 震源からの距離が180kmの地点では、初期微動継続時間は何秒となりますか。

9 用語だけ丸暗記すれば大丈夫？
―流水のはたらき―

- 覚えるところだからといって頭の中だけで問題を解こうとして整理できていない。
- 流れる水のはたらきや地層のでき方をきちんと理解していない。

例えばこんな場面で

道路わきのがけの地層を観察したところ、右の図のような地層が見られました。この地層は、下の層から順番に積み重なったものとして、次の問いに答えなさい。

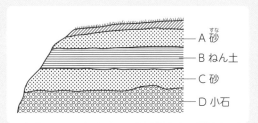

- A 砂
- B ねん土
- C 砂
- D 小石

(1) 雨が降った次の日にこの地層を観察すると、この地層のあるところから水がしみ出ていました。特に多くの水がしみ出ていたところはどこですか。次のア～エの中から1つ選び、記号で答えなさい。
　　ア　AとBの層の間　　イ　BとCの層の間
　　ウ　CとDの層の間　　エ　Dの層のさらに下

> 水がしみ出る問題？この単元、そんな内容だったっけ??

(2) Dの層に見られる小石の特徴を簡単に答えなさい。

(3) (2)はなぜそのような特徴が見られるのでしょうか。理由を簡単に答えなさい。

(4) A～Dの地層ができあがるまでに水の深さが変化したと考えられます。水の深さの変化はどのような順番で起こりましたか。次のア～オの中から1つ選び、記号で答えなさい。
　　ア　浅くなった→浅くなった→深くなった　　イ　浅くなった→深くなった→浅くなった
　　ウ　深くなった→深くなった→深くなった　　エ　深くなった→浅くなった→深くなった
　　オ　深くなった→深くなった→浅くなった

> ん？今度は水の深さ…??

📖 つまずき解消ポイント

✅ **流れる水のはたらきは3つです！**
「しん食作用」「運ぱん作用」「たい積作用」、まずはこの3つを覚えるところから始めましょう。

✅ **地層は下から上に向かって積もります！**
水の深さの変化によって、その層に積もっているものが変わります。

✅ **水の深さについて、地層のそばに書きこみましょう！**
ねん土（泥）は軽いので深いところまで行き、小石は重いので浅いところに積もります。

解き方

(1) ねん土（泥）はつぶが小さいためすき間なくたい積して固まるので、水を通しにくいです。だから、地下水はその上にたまりやすいのです。**「地下水がたまるのは泥の層（ねん土の層）の上」**ということは理解したうえで覚えておきましょう。答えは<u>ア</u>ですね。

(2) <u>小石は、つぶが丸みを帯びている。</u>

(3) <u>流水のはたらきによって、つぶの角がとれたから。</u>
形について整理をし「なぜその形になるのか」まで理解しましょう。

- 小石、砂、泥…丸みを帯びている（下流まで来るときに角が当たってけずられて丸くなるため）。
- 火山灰（かざんばい）　　…角ばっている（火山灰は流れる水のはたらきを受けていないため）。

(4) ここで流水のはたらきについて確認（かくにん）しましょう。

- しん食作用 …けずるはたらき。流れが速くなると**大きくなる**。
- 運ぱん作用 …運ぶはたらき。流れが速くなると**大きくなる**。
- たい積作用 …積もらせるはたらき。流れが速くなると**小さくなる**。

川は上流だと流れは速いし、下流だと流れはおそいですよね。川によって運ばれてくるものに、小石、砂、泥などがあります。どれも同じものでできていますが、大きさがちがうのです。小石は砂よりも大きいつぶになっていて、れきともいいます。がれきといったりしますね。泥は砂よりももっともっと小さいものです。ねん土、という呼（よ）び方になることもあります。この3種類が運ばれてきたとき、水の流れが速ければどんどん運ばれていくけれど、海に出てしまうと流れがおそくなってたまってしまいますね。そうするとこれらのつぶが積もってしまいます。

では、小石、砂、泥はそれぞれ海の中でどこに積もるのかを考えてみましょう。想像すればわかると思うけれど、小さいものが遠くまで行けそうですよね。だから、下の図の陸から遠い部分まで運ばれやすいのが泥。そして、砂、小石の順に陸に近くなっていきますね。

ここで、大雨がずっと降（ふ）り続いたとしましょう。川の流れは速くなりますよね。そうすると流れが速くなるから、小石も遠くまで運ばれるようになります。砂はもっと遠くに、泥はもっともっと遠くに流れてしまいます。いずれにしても、河口付近では、小石、砂、泥の順に積もっていくのです。

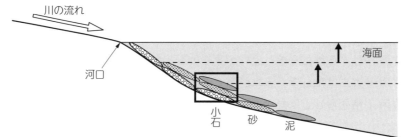

- 小石　↑　　浅い・河口から近い
- 砂
- 泥　　↕　　深い・河口から遠い

さて、ここで考えてみてほしいことがあります。もし海面が上がったらどうなるか、です。それまで砂が積もっていたところは、もう少し深くなるから、泥が積もるようになりますよね。逆に、海面が下がったら、それまで砂が積もっていたところは、もう少し浅くなって、小石が積もるようになりますね。このように、積もるものが変わることがあるのです。それが、地層になっていくのです。下の図は、海面が上がったとき、つまり水の深さが深くなったときの図です。

黒い四角で囲まれた部分を見てください。

下から、小石→砂→泥となっていますね。

このようにずれるのです。このあと水の深さが浅くなれば、また砂が積もります。これが（4）です。

まとめておきますね。D小石が積もるのは水が浅いとき、Bねん土が積もるのは水が深いとき、C砂はその間のため、とりあえずここでは「（中）」と表記しておきます。

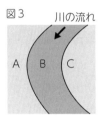

1 ある場所にある、がけの地層を観察しました。図1はそれを模式的にスケッチしたものです。下の問いに答えなさい。

図1
①
②
③
④ 小石の層
⑤ 泥の層
⑥ 砂の層

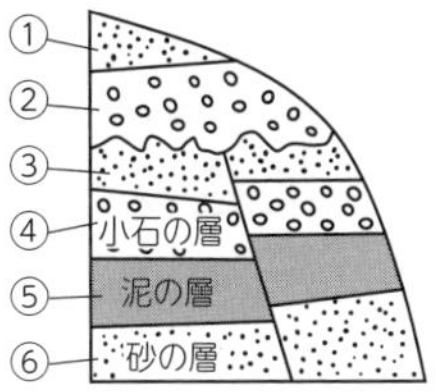

(1) スケッチの中で一番新しい地層はどれですか。①〜⑥の記号で答えなさい。

(2) 調べた結果、⑤と⑥の層は海底でできたことがわかりました。陸地から遠いと考えられるのはどちらの層ができたときですか。⑤、⑥のいずれかを選び、記号で答えなさい。

(3) このがけの下に流れる川には、手のひらくらいの大きさの、図2に示したような形の石が多くありました。この石は川のどの部分に多くあったか、図3の中のA〜Cから1つ選び、記号で答えなさい。

図2

図3
川の流れ
A　B　C

(4) この川を下っていったとき、河原にある石の大きさは図2に比べてどう変化しますか。簡単に答えなさい。

2 次の各問いに答えなさい。

(1) 地層のでき方を考えるためにビーカーに水・泥・れき（小石）・砂を入れ、よくかき混ぜてメスシリンダーに注ぎました。しばらくすると図1のような層になりました。これは、川の流れによって運ばれてきた土砂が、流れのないところでたい積するようすと同じように考えられます。図1のあいうにあてはまるものはどれですか。次からそれぞれ1つずつ選び、記号で書きなさい。

図1
あ
い
う

　ア　泥　　イ　れき　　ウ　砂

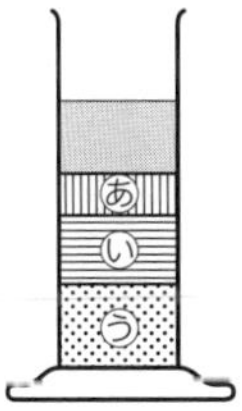

(2) 河口から川が海に流れこむ付近でも図2のように泥・れき・砂は層になってたい積します。図2のような順番でたい積するのはなぜですか。理由を書きなさい。

図2
河口　　　　　　　海面
れき　砂　　泥

(3) たい積作用が何回かくり返されると、図3のように（2）の層が積み重なった地層ができます。何回かのたい積でできたある地層について調べたところ、図4のようにれきの層の上に砂の層が重なっていました。このことから、れきの層ができてから砂の層ができるまでの間にこの場所ではどのようなことが起こったと考えられますか。最も適切なものをあとのア〜エから1つ選び、記号で書きなさい。

　ア　海水面が上がり、河口が陸側に移動した。
　イ　海水面が下がり、河口が海側に移動した。
　ウ　地面が隆起し、いったんこの場所は陸になった。
　エ　横から押す力が加わり、ずれができた。

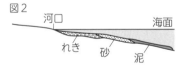

図3
河口側　　　　　　海側

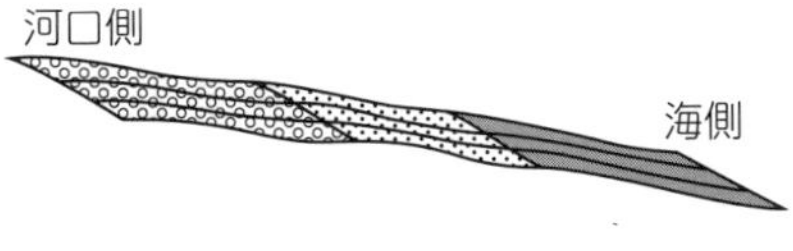

図4
砂の層
れきの層

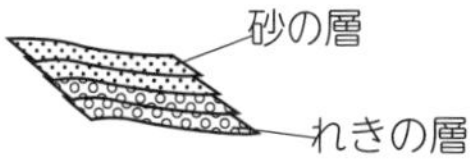

10 たい積岩? 火成岩? 火山岩?? 深成岩??
―岩石―

- 問題の図の形だけ見て解こうとしていて、図のそばに書いてあることをよく読んでいない。
- 泥岩、砂岩、れき岩のちがいやでき方などを理解していない。

例えばこんな場面で

図1は、あるがけのようすを表している。凝灰岩は火山灰が岩石に変わったものである。また、火成岩の上の部分にはけずられた跡がある。あとの問いに答えなさい。

(1) 図2は図1の地層の岩石の一部を拡大したものです。この岩石は何ですか。次のア～ウから1つ選び、記号で答えなさい。
　　ア　泥岩　　イ　砂岩　　ウ　れき岩

(2) 図1のaの地層はどのような場所でできたものと考えられますか。次のア～エから1つ選び、記号で答えなさい。
　　ア　水深が100m以上の深い海の底
　　イ　湖や川、河口の浅い砂や泥の底
　　ウ　熱帯のあたたかい海の底
　　エ　浅い砂の海底

(3) 火成岩に関わりがあるものはどれですか。次のア～オからすべて選び、記号で答えなさい。
　　ア　深成岩
　　イ　たい積岩
　　ウ　火山岩
　　エ　アンザン岩
　　オ　石灰岩

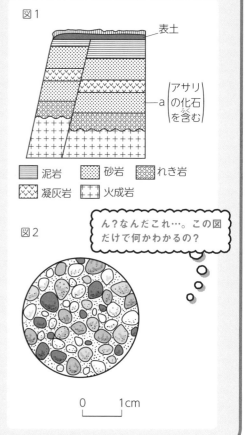

図1

表土

aアサリの化石を含む

▤ 泥岩　　▨ 砂岩　　▧ れき岩
▨ 凝灰岩　田 火成岩

図2

ん?なんだこれ…。この図だけで何かわかるの?

0　　1cm

📖 つまずき解消ポイント

☑ **図のそばに書いてある言葉や数字も大切です!**
今回は図1の中のアサリや図2の長さに注目しましょう。

☑ **泥岩、砂岩、れき岩のちがいを覚えましょう!**
つぶの大きさによって分けられます。泥＜砂＜れき（小石）の順番に大きくなります。

☑ **たい積岩と火成岩のちがいをきちんと理解しましょう!**
押し固められてできた岩石が「たい積岩」、マグマが冷え固まってできた岩石が「火成岩」です。

解き方

(1) つぶの大きさが2mm以上あるものはれき岩です。答えは<u>ウ</u>。

(2) アサリは浅い海でとれるので、<u>エ</u>が答えです。潮干狩りなどイメージできればわかりそうで
しょうか。アサリがとれる場所は「あさり海（浅り海）」と覚えれば、大丈夫そうですね。な
お、まちがえやすいものに、シジミがあります。シジミは島根県の宍道湖で多くとれるけれど、
あの宍道湖は海水と淡水が混じり合っている汽水域になっています。シジミは汽水性の生物
で、塩分濃度0.3〜1.0%の範囲を好みます。つまり、塩分濃度0.0%の河川や塩分濃度3.4%
の海水などでは生息できません。そのため、シジミが問題で出てきたら、それは海ではなく、
湖や河口と答えます。「シジみずうみ」…しりとりみたいですね。忘れないよう、少しでも何
かと関連づけて覚えていきましょう。

(3) 答えは<u>ア・ウ・エ</u>です。名前が似ている岩石に気をつけましょう。「火成岩」という漢字を
見てみると、「火」に関係するものから「成」り立っている「岩」だとイメージできそうです
よね。ここでいう火に関係あるものというのは「マグマ」のことです。流水のはたらきを受け
ていないので、つぶが角ばっています。一方、たい積岩のつぶは丸みがあります。

岩石 {
　① たい積岩
　　　（押し固め）
　② 火成岩
　　　（マグマ） { 火山岩…地上付近で急に冷やされてできた岩石。つぶは小さい。
　　　　　　　　　深成岩…地下深くでゆっくり冷やされてできた岩石。つぶは大きい。
　　　　　　　　　　　　　※地下「深」いところで「成」り立つ「岩」というイメージ。

さらにくわしく

① たい積岩
　（押し固め） { れき岩…主に小石が固まってできたもの。
　　　　　　　　砂岩…主に砂が固まってできたもの。
　　　　　　　　泥岩…主に泥が固まってできたもの。
　　　　　　　　石灰岩…貝やサンゴの死がいが押さえつけられてできたもの。
　　　　　　　　　　　　※細かくしたのが石灰石→塩酸をかけると二酸化炭素が発生。
　　　　　　　　チャート…ホウサンチュウの死がいが集まってできたもの。
　　　　　　　　凝灰岩…火山が噴火したときに出てくる火山灰が押し固められてできたも
　　　　　　　　　　　　の。

② 火成岩
　（マグマ） { 火山岩…リュウモン岩　アンザン岩　　　ゲンブ岩
　　　　　　　深成岩…カコウ岩　　　センリョク岩　　ハンレイ岩
　　　　　　　　　　　白 ←――――――――――――→ 黒

③ 変成岩
　（変化） { 大理石…石灰岩から変化したもの。
　　　　　　ネンバン岩…泥岩から変化したもの。

〈火山の噴火〉

噴火のときに、いろいろなものが火山から出てきます。

溶岩(ようがん)…地表にマグマが流れてきたものと、それが冷えて固まったもの。

火山ガス…主に水蒸気(すいじょうき)で、二酸化炭素も少し入っています。硫化水素(りゅうかすいそ)、二酸化硫黄(いおう)（亜硫酸ガ(ありゅうさん)ス）、塩化水素などの、毒性のあるガスも入っています。

火山さいせつ物…火山が噴火したときに出てくる固体。

- **火山灰**（押し固められると凝灰岩になります。）
- その他、火山弾(かざんだん)や軽石など。

※マグマが冷えて固まるとき、火山ガスが出てきます。火山ガスが抜(ぬ)けると、そこが穴(あな)になります。

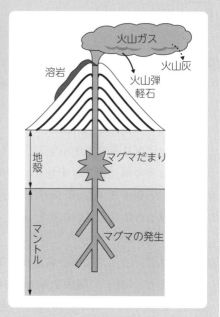

〈化石〉

化石によって当時の環境(かんきょう)や地層ができた時代がわかります。

① **示相化石(しそう)**：その化石がたい積した当時の環境がわかる化石のことです。

利用できるための3条件

数が多い → 世界にほとんどいない生物を示相化石にしたところで意味がありません。

住んでいるところがせまい → どこにでも住んでいたらどんな環境だったかわかりません。

生きている時代が長い → 存在(そんざい)した期間が長くないと判断材料になりません。

代表例

アサリ…浅い海

シジミ…河口付近、汽水域の湖

サンゴ…あたたかくてきれいな浅い海

ホタテ…冷たい海

木の葉…湖や沼(ぬま)

② **示準化石(しじゅん)（標準化石）**：その化石がたい積した当時の時代がわかる化石のことです。

利用できるための3条件

数が多い → これは示相化石と同じです。

住んでいるところが広い → 1か所しか住んでいなかったらどこの土地とどこの土地が同じか、調べることもできません。

生きている時代が短い → 生物が存在した期間が短くないと判断材料になりません。

代表例

古生代(こせいだい)…サンヨウチュウ・フズリナなど

中生代(ちゅうせいだい)…アンモナイト・キョウリュウなど

新生代(しんせいだい)…カヘイセキ・マンモス・ナウマンゾウなど

1 岩石について、次の問いに答えなさい。

(1) 次の①～⑦の岩石を何といいますか。

① 主に泥（ねん土）が固まってできた岩石

② 主に砂が固まってできた岩石

③ 主に小石が砂や泥といっしょに固まった岩石

④ 火山灰が積もって固まった岩石

⑤ 貝がらやサンゴなど、水中の生物の死がいの成分が固まってできた岩石

⑥ ホウサンチュウなどの死がいがたい積してできた固い岩石

⑦ ①の岩石がさらに固くなった岩石

(2) (1) ①～⑥の岩石をまとめて何といいますか。

2 化石について、次の問いに答えなさい。

(1) 生物の死がいや足跡、生活の跡などが地層に残って、長い年月の間に固まってできるものを何といいますか。

(2) ある地層から出ると、その地層がたい積した当時の環境がわかる化石を何といいますか。

(3) 次の①～③の生物の化石が出てきた地層がたい積したときの環境を、あとのア～ウより1つずつ選び、それぞれ記号で答えなさい。

> ① サンゴ　② ハマグリやアサリ　③ シジミ

ア 浅い海底　イ 湖底や河口　ウ あたたかくて浅いきれいな海

(4) ある地層から出ると、その地層ができた年代を知る手がかりになる化石を何といいますか。

(5) 次の①・②の生物の化石が出てきた地層ができた年代を、あとのア～ウより1つずつ選び、それぞれ記号で答えなさい。

> ① アンモナイト　② サンヨウチュウ

ア 新生代　イ 中生代　ウ 古生代

(6) (4) の化石となる生物の条件を次のようにまとめました。文中の（　）から正しいものを選び、それぞれ記号で答えなさい。

> この化石の生物は（①ア 長い、イ 短い）生存期間で、世界中に（②ア 広く、イ せまく）分布し、数が（③ア 多い、イ 少ない）という条件が必要となる。

3 右下の図はある火山付近の地層と岩石のようすを模式的に示したものです。次の問いに答えなさい。

(1) 図の中のAは、非常に高温で液状になったものです。これを何といいますか。

(2) 図の中のBとCの岩石は、Aが冷えて固まりできたものですが、そのつくりは異なっています。BとCの岩石は、それぞれ一般的に何といいますか。

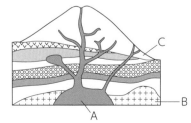

● 図の意味がわからないから覚える気になれない。

● ポイントがわからず、すべて覚えるのは大変だと思っている。

例えばこんな場面で

　図1と図2はアブラナかイネの根を示したものです。また、図3と図4はアブラナかイネの茎の断面図で、根から吸い上げた水の通り道と葉でできた栄養分の通り道の並び方を示したものです。あとの問いに答えなさい。

え？2種類あるの？？

(1) 図1の①、②および図2の③を何というか。言葉で答えなさい。

(2) イネを示している図はどれですか。次のア～エから1つ選び、記号で答えなさい。
　　ア　図1と図3　イ　図1と図4　ウ　図2と図3　エ　図2と図4

(3) ジャガイモとサツマイモのふだん私たちが食べているところは、植物のどこの部分でしょうか。正しい組み合わせを次のア～エから1つ選び、記号で答えなさい。
　　ア　ジャガイモもサツマイモも根の部分　　　イ　ジャガイモもサツマイモも茎の部分
　　ウ　ジャガイモは根、サツマイモは茎の部分　　エ　ジャガイモは茎、サツマイモは根の部分

(4) イネの茎の断面では観察されないが、アブラナの茎の断面では観察することができるもので、根から吸い上げた水の通り道と葉でできた栄養分の通り道の間をつらぬいて輪になって見えるものを何というか答えなさい。

(5) 植物の中の水の通り道を調べようと思います。次の方法ア～ウのうち、もっとも適したものを選び、記号で答えなさい。
　　ア　アルコールにひたして白っぽくなった葉をヨウ素液につけそのようすを観察する。
　　イ　同じ種類の植物を2つ用意し、一方は箱の中に入れて光が当たらないようにし、もう一方は日なたに置き、その後のようすを観察する。
　　ウ　植物を食紅で色づけした水にしばらくひたし、その後、茎の断面などを観察する。

📖 つまずき解消ポイント

☑️ **根・茎・葉について、単子葉類と双子葉類のちがいを覚えましょう!**

覚えることはそこまで多くありません。覚えたら得点できます。

☑️ **名前を覚えるだけでなく、何のためにあるのかを考えてみましょう!**

ただの丸暗記よりも記憶に残ります。

☑️ **表も活用して、頭の中を整理しましょう!**

どこの何を覚えようとしているのか理解することが大切です。

解き方

(1) ①**主根** ②**側根** ③**ひげ根** (2) **エ** (3) **エ** (4) **形成層** (5) **ウ**

根、茎、葉について、単子葉類と双子葉類のそれぞれのちがいは以下の通りで、**イネは単子葉類**、**アブラナは双子葉類**です。

	根	茎	葉
単子葉類	ひげ根		平行脈
双子葉類	主根 / 側根	形成層	網状脈

まずは、根のちがいを説明します。

単子葉類の根は同じくらいの太さの根がたくさん出ていて、これを**ひげ根**といいます。

双子葉類の根は真ん中に太い根が一本あって、そこから細い根が生えています。この太い根を**主根**といい、まわりの細い根を**側根**といいます。根の主なはたらきは、以下の3つです。

① 水や肥料を吸収すること。

② 植物の地上部分を支えること。

③ 養分をたくわえること。　※すべての植物ではなくて種類による。例えばサツマイモやゴボウ、ダイコン、ニンジンなどは根に養分をたくわえています。

次に茎のちがい。茎というのは、根で吸った水や肥料、葉でつくった栄養が運ばれる道です。

双子葉類の茎の中はきれいに整っていて、単子葉類の方はバラバラですね。また、双子葉類の茎にあって単子葉類の茎にはないところがありますね。この部分を**形成層**といいます。形成層は細胞分裂を行い、茎を太くします。また、茎の断面の内側を通っている管のことを**道管**といいます。

道管は根から吸い上げた水や肥料が通るところで、光合成に使う水は大事だから安全な内側を通るイメージで覚えてくださいね。これに対して、外側を通る管を**師管**といいます。師管は葉

でできた養分を体に運ぶところです。ちなみに、道管が集まったところを木部といい、師管が集まったところを師部と呼びます。そしてこの内側と外側を合わせた部分のことを**維管束**といいます。

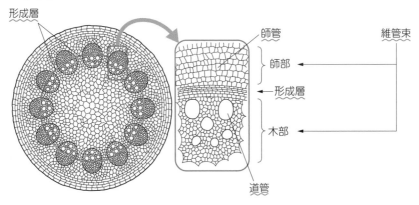

茎のはたらきについては、以下の3つです。

① 葉や花を支えること。

② 水（とけた肥料も含む）や養分の通り道になること。

③ 養分をたくわえる場所になっていること。※すべての植物ではなくて種類による。たとえば、ジャガイモやサトイモ、ハス（レンコン）などは茎に養分をたくわえています。

最後に葉のちがい。単子葉類の葉は中の線が平行みたいだから平行脈といいます。七月七日の七夕のときに見るササの葉は平行脈ですね。双子葉類の葉は中が網の目のようになっているから網状脈といいます。「網」という字は「綱」とまちがえやすいから気をつけましょう。

✎ **得意にするための1歩**

〈植物の分類〉
別冊16ページにのっています。マスター問題に取り組む前かあとに、必ず確認しましょう。

〈分類のなかでも、特にまちがえやすいもの〉※必ず覚えるべき内容

単性花 ※雄花・雌花 （雄株・雌株） があるもの	・ウリ科　・トウモロコシ ・裸子植物（マツ・スギ・イチョウ・ヒノキ・ソテツ） ・ドングリができるブナ科（クリ・クヌギ・コナラ・カシ・シイ）
風媒花	・裸子植物（マツ・スギ・イチョウ・ヒノキ・ソテツ） ・トウモロコシ（トウモロコシ以外のイネ科は自家受粉するものが多い）
自家受粉	・イネ　・アサガオ　・エンドウ

1 根、茎、葉のようすを図のようにまとめました。これについて、あとの問いに答えなさい。

(1) ①、②にあてはまる植物の分類の名前を答えなさい。

(2) ③〜⑩にあてはまる植物のつくりを答えなさい。

(3) ⑪、⑫のような葉の葉脈を何といいますか。

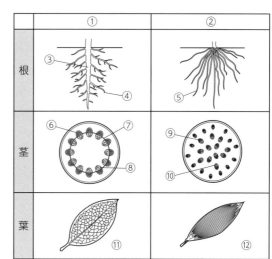

2 次の図1、図2は、茎の断面図を表しています。根から吸収した水の通り道をぬりなさい。

図1   図2

3 スーパーでお母さんにたのまれた買い物をしました。これらについて、あとの問いに答えなさい。

> 買ったもの
> コメ（イネ）・ジャガイモ・キュウリ・レタス・ブロッコリー・マッシュルーム

(1) それぞれの野菜は植物のからだのつくりのどの部分を食べていますか。正しい組み合わせを1つ選び、記号で答えなさい。

　ア　ジャガイモ…根　　キュウリ…実　　レタス…葉

　イ　ジャガイモ…茎　　レタス…葉　　　ブロッコリー…つぼみ

　ウ　ジャガイモ…根　　キュウリ…茎　　ブロッコリー…葉

　エ　ジャガイモ…茎　　キュウリ…花　　レタス…実

(2) キュウリは雄花と雌花に分かれている植物です。同じように雄花・雌花に分かれているものをア〜オの中から1つ選び、記号で答えなさい。

　ア　アサガオ　　イ　アブラナ　　ウ　カボチャ　　エ　ツツジ　　オ　タンポポ

(3) コメ（イネ）は次のどのグループに入りますか。記号で答えなさい。

　ア　裸子植物　　イ　単子葉類　　ウ　双子葉類

(4) コメ（イネ）・ジャガイモ・キュウリ・レタス・ブロッコリー・マッシュルームのうち、栄養分のつくり方がちがうものが1つあります。それは何か答えなさい。

2 対照実験の考え方がわからない……
―種子のつくりと発芽―

- 植物は丸暗記すればよいと思っているが、実際には量が多すぎて覚えられていない。
- 結局いつも何となく選んでしまっている。

例えばこんな場面で

種子の発芽について、次のア～カのような実験をしました。これについて、あとの問いに答えなさい。

ア かわいた脱脂綿(だっしめん)

イ 水を含(ふく)んだ脱脂綿

ウ 水と肥料を含んだ脱脂綿

エ 水

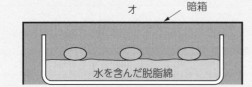

オ 暗箱　水を含んだ脱脂綿

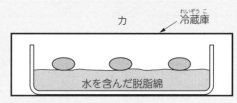

カ 冷蔵庫(れいぞうこ)　水を含んだ脱脂綿

(1) 発芽するものをア～カよりすべて選び、記号で答えなさい。

(2) 発芽に適当な温度が必要であるかを確かめるには、どれとどれを比べればよいですか。

(3) 発芽に空気が必要であるかを確かめるには、どれとどれを比べればよいですか。

(4) 発芽に水が必要であるかを確かめるには、どれとどれを比べればよいですか。

似たような実験がたくさんあるなぁ。微妙(びみょう)にちがっているのはわかるけど…。

📖 つまずき解消ポイント

☑ **まずは表をつくってみましょう！**

このような問題は、頭の中だけで考えるのでなく、書き出してみることが大事です。

☑ **発芽に必要な3条件を覚えること！**

発芽するためには、水・空気・適当な温度の3つの条件が必要です。

☑ **対照実験の考え方を理解しましょう！**

「調べたい条件1つ以外を、すべて同じ条件にしなければいけない」という決まりがあります。

解き方

(1) 植物が発芽するためには必要なものが3つあります。

- 水
- 空気
- 適当な温度（適温）

まずは表にしてみましょう。ア～カの条件と、発芽したかどうかをまとめてみました。

	水	空気	適温	光	肥料	発芽したか
ア	×	○	○	○	×	×
イ	○	○	○	○	×	○
ウ	○	○	○	○	○	○
エ	○	×	○	○	×	×
オ	○	○	○	×	×	○
カ	○	○	×	×	×	×

この3つの条件がすべてそろっているものは、イ・ウ・オ となります。

(2) オ・カ

温度以外の条件は同じなのに「カ」では発芽せず「オ」は発芽していますね。

これは適温が発芽に必要なことを示しています。

(3) イ・エ

空気以外の条件は同じなのに「エ」では発芽せず「イ」では発芽していますね。

これは空気が発芽に必要だということを示しています。

(4) ア・イ

水以外の条件は同じなのに「ア」では発芽せず、「イ」は発芽していますね。

これは水が発芽に必要だということを示しています。

なお、次に【イとオ】を比べてみてください。光以外の条件は同じで両方発芽していますね。これは光が発芽に必要ないことを示しています。また、もし【ウとエ】を比べたら、空気と肥料という2つの異なる条件があるのでどちらが結果に影響しているかわからず、意味がない実験となりますね。つまり、【ウとエ】を比べても何もわかりません。このように、対照実験では**調べたい条件が1つだけ異なっているところに注目すること**が大切です。

🖋 **得意にするための1歩**

- **有胚乳種子**…主に単子葉類＋カキ　※カキは双子葉類
- **無胚乳種子**…主に双子葉類

※カキの他に、オシロイバナ、トマト、ホウレンソウなど一部の双子葉類や裸子植物も有胚乳種子ですが、すべて覚えるのは大変です。まずはよく出る「単子葉類＋カキ」を覚えましょう。

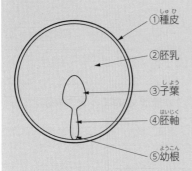

〈有胚乳種子〉

①種皮
②胚乳
③子葉
④胚軸
⑤幼根

① 種皮…種子を保護する皮の部分
② 胚乳…**発芽に必要な栄養分がた
　　　くわえられている部分**

　※発芽…芽や根が出ること

③ 子葉…発芽した際に出る葉とな
　　　る部分 ⎫
④ 胚軸…将来、茎になる部分 ⎬胚
⑤ 幼根…将来、根になる部分 ⎭

　※③④⑤が胚（将来植物の体となる部分）

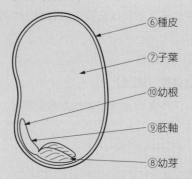

〈無胚乳種子〉

⑥種皮
⑦子葉
⑩幼根
⑨胚軸
⑧幼芽

⑥ 種皮…種子を保護する皮の部分
⑦ 子葉…発芽したときに出る葉と
　　　なる部分、**発芽のときに必要な栄
　　　養分をたくわえる部分** ⎫
⑧ 幼芽…将来、本葉になる部分 ⎬胚
⑨ 胚軸…将来、茎になる部分 ⎥
⑩ 幼根…将来、根になる部分 ⎭

　※⑦⑧⑨⑩が胚（将来植物の体となる部分）

　有胚乳種子は発芽に必要な栄養分を**胚乳**にたくわえています。しかし、無胚乳種子は名前の通りその胚乳がありません。無胚乳種子は発芽できないのでしょうか？もちろんそんなことはありませんよね。胚乳がないかわりに無胚乳種子の植物は、発芽に必要となる栄養分を**子葉**にたくわえています。そのため無胚乳種子の植物の子葉は、種子の大部分をしめるものとなっているのです。

ここで有胚乳種子と無胚乳種子の胚のちがいについて、図を見ながら考えてみましょう。有胚乳種子では栄養分がたくわえられている胚乳が種子の大部分をしめているため、胚の部分は小さくなっていますね。ところが、無胚乳種子ではどうでしょう。種子の大部分をしめているのは子葉ですよね。子葉は体になる部分、つまり胚に含まれます。そのため、無胚乳種子では種皮以外の部分が全部胚に含まれることになるのです。
このちがいは覚えておきましょう。

〈成長の5条件〉
発芽したあとに植物が大きくなっていくことを成長と呼びます。植物が成長していくためには発芽のときに必要だったものと、あと2つのものが必要となってきます。まず発芽のときに必要だったものは水、空気、適温でしたね。あと2つは何でしょうか。
…それは**日光**と**肥料**です。日光は、植物が**光合成**をするために欠かせないものでしたね。肥料は、植物の成長を助けるものです。

1 インゲンマメの種子の発芽について、次の問いに答えなさい。

(1) インゲンマメの発芽に必要な条件を調べるために①～⑤の実験を行いました。実験は温度を25℃にして、水・空気・光・肥料の条件をそれぞれ変えて行いました。次の表はこの実験の条件と結果を表したものです。ただし、表中の＋はその条件を与えたことを、－は与えなかったことを表しています。この実験の結果だけから考えて、①～⑤の文について正しいものには○、誤りであるものには×、どちらともいえないものには△と答えなさい。また、○か×と答えたものについては、それぞれ、どの実験とどの実験の結果を比べて判断したのか、実験①～⑤から選び、数字で答えなさい。

実験		①	②	③	④	⑤
条件	水	＋	＋	＋	＋	－
	空気	＋	＋	＋	－	＋
	光	＋	＋	－	＋	＋
	肥料	＋	－	－	＋	＋
結果	発芽	した	した	した	しなかった	しなかった

① 発芽に最適な温度は10～15℃である。

② 発芽には、水が必要である。

③ 発芽には、光は必要でない。

④ 発芽には、肥料が必要である。

⑤ 発芽には、空気が必要である。

(2) (1)で変えた4つの条件のうち、インゲンマメが発芽したあと、順調に成長するのに必要な条件をすべて答えなさい。

2 右の図はインゲンマメとイネの種のつくりを示したものです。図を参考にして次の問いに答えなさい。

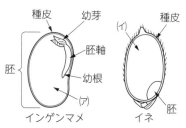

(1) 図の（ア）の部分はインゲンマメが発芽するときに養分となる部分です。この部分を何というか、漢字2字で答えなさい。

(2) この（ア）の部分にヨウ素液をつけると青紫色になりました。この部分には何が含まれていると考えられますか。名称をカタカナで答えなさい。

(3) イネでは、インゲンマメとはちがって、図の（イ）の部分に養分がたくわえられています。この部分の名称をひらがなで答えなさい。

(4) インゲンマメの種を、次の表のような条件で発芽させました。種がもっともよく発芽するのはどの場合と考えられますか。記号で答えなさい。

	あ	い	う	え	お
温度	冷やさない	冷やさない	冷やさない	冷やす	冷やす
水	与えない	しめらせる	与えない	しめらせる	与えない
空気	ふれさせない	ふれさせる	ふれさせる	ふれさせない	ふれさせない

3 植物の単元なのに、数字が出てくるの？
―蒸散―

- はじめに何をすればいいのかわからない。
- 水が減る理由がいくつかあるのに、全部同じだと思っている。

例えばこんな場面で

[実験]

　100.0gの水が入った三角フラスコに、下に記した（ア）～（オ）のように処理をしたホウセンカまたはガラス棒を入れました。その後、明るい風通しのよい場所に3時間おき、それぞれの三角フラスコに残っている水の重さを測定しました。次の表は、その結果を示したものです。ただし、ワセリンを植物の表面にぬると、ぬった部分からの蒸散は行われないものとします。

　また、（ア）～（ウ）で用いられたホウセンカは同じ大きさで同じ枚数の葉をつけたものとします。次の問いに答えなさい。

（ア）
ワセリンをぬらなかったホウセンカ

（イ）
すべての葉の表側にワセリンをぬったホウセンカ

（ウ）
すべての葉のうら側にワセリンをぬったホウセンカ

（エ）
すべての葉を取りのぞき、その切り口にワセリンをぬったホウセンカ

（オ）
ガラス棒

	（ア）	（イ）	（ウ）	（エ）	（オ）
実験前の水(g)	100.0	100.0	100.0	100.0	100.0
実験後の水(g)	82.0	86.0	95.0	99.0	99.9

(1) 水面から水は何g減りましたか。
(2) ホウセンカの茎から水は何g減りましたか。
(3) ホウセンカの葉のうら側から水は何g減りましたか。

うわっ！数字がたくさん…。植物なのに、計算するの？

📖 つまずき解消ポイント

☑ **まずは表にまとめましょう！**
　蒸散の問題は、ある程度パターンが決まっています。まずは頭の中を整理しましょう。

☑ **水が水蒸気になって外に出るので、フラスコ内にある水の量が減ります！**
　どこから外に出たのかも大切です。表を見ながら確認しましょう。

☑ **「ワセリン」「油」という言葉に注意！**
　ワセリンや油があると、そこからは水が減りません。

解き方

　実験前と実験後で水がどのようになったのかを確認してみると、水が減ったことがわかります。これは蒸散という植物のはたらきで、水蒸気の形で空気中に出ていきます。

	㋐	㋑	㋒	㋓	㋔
実験前の水(g)	100.0	100.0	100.0	100.0	100.0
実験後の水(g)	82.0	86.0	95.0	99.0	99.9
減った水の量(g)	18.0	14.0	5.0	1.0	0.1

次に、表にまとめてみましょう。蒸散や蒸発によって水が減る場合は○、水が減らない場合は×とします。ワセリンをぬったところは×となりますね。

	㋐	㋑	㋒	㋓	㋔
葉の表	○	×	○	×	×
葉のうら	○	○	×	×	×
茎	○	○	○	○	×
水面	○	○	○	○	○
減った水の量(g)	18.0	14.0	5.0	1.0	0.1

（1）上の表（オ）より、水面から0.1g減ったことがわかりますね。書きこんでみます。

	㋐	㋑	㋒	㋓	㋔
葉の表	○	×	○	×	×
葉のうら	○	○	×	×	×
茎	○	○	○	○	×
水面	○(0.1)	○(0.1)	○(0.1)	○(0.1)	○(0.1)
減った水の量(g)	18.0	14.0	5.0	1.0	0.1

（2）上の表（エ）より、茎から0.9g減ったことがわかります。

	㋐	㋑	㋒	㋓	㋔
葉の表	○4.0	×	○4.0	×	×
葉のうら	○13.0	○13.0	×	×	×
茎	○0.9	○0.9	○0.9	○0.9	×
水面	○0.1	○0.1	○0.1	○0.1	○0.1
減った水の量(g)	18.0	14.0	5.0	1.0	0.1

（3）上の表（イ）より、葉のうらから13.0g減ったことがわかります。

〈気孔〉

葉には穴があいています。これを**気孔**といい、**葉のうら側にたくさんあります**。これは人間の口と同じようなもので、気体の出し入れをする穴です。くちびるのような部分は**孔辺細胞**といいます。

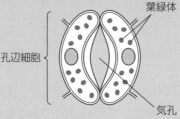

〈蒸散〉

気孔から水蒸気を出すことを**蒸散**といいます。

蒸散とは、**気孔から水蒸気を出すはたらき**です。蒸散のイメージは、みんながあせをかくのと同じようなものです。みんなは暑いときにあせをかきますね。このあせは蒸発するときに、気化熱と呼ばれる熱をうばっていくので、体温調節をすることになります。またあせをかくことで、のどがかわくから水を飲みますね。これが植物の場合蒸散というはたらきで、気孔から体温調節のために水蒸気を出し、根から水分や水にとけた肥料を吸い上げるのを活発にするのです。

また、多くの植物は気孔が葉の表側よりうら側に多いことは覚えておきましょう。なお、数本の試験管にそれぞれ植物をさし、水を入れる実験では、蒸散について知りたいので水が自然に蒸発しないように水面に油を浮かべることあります。そして次にワセリンについて。ワセリンとは、傷口などをふさいで保湿するための薬品です。これを葉にぬると、気孔がふさがって、蒸散ができなくなります。

蒸散がさかんになる条件も確認しておきましょう。みんながあせをかいて、水を飲みたくなるのと同じで、水がたくさんほしいとき、つまり光合成がさかんなときに蒸散もさかんになります。蒸散がさかんなときは、洗濯物がかわきやすいときと似ていて、**光が当たっているとき、気温が高いとき、風がふいているとき、乾燥しているとき**などです。

また蒸散の量を観察するときには、**塩化コバルト紙**という薬品を使って実験します。**塩化コバルト紙はもともと青色で、水分を吸うと赤色に変化します**。葉の表とうらにつけたとき、どちらが先に色が変わるかというと、気孔の多くあるうら側が先に色が変わることも覚えておきましょう。

1 同じ太さの試験管を4本用意し、同じ量の水を入れ、水面に油をたらしました。その後、同じように葉のついた枝を下の図のA〜Dのようにして、試験管の中に入れ、水位の下がり方を観察しました。これについて、あとの問いに答えなさい。

A

葉はそのままにしておく。

B

葉の表にワセリンをぬる。

C

葉のうらにワセリンをぬる。

D

葉を全部取りその切り口にワセリンをぬる。

〈結果〉2日間でA〜Dの水位はそれぞれ33mm、23mm、15mm、5mm下がっていました。

(1) この実験で、水面に油をたらす理由として正しいものを選び、記号で答えなさい。

　　ア　枝を支えやすくするため。　　　　イ　枝が水を吸収しやすくするため。

　　ウ　水面の変化を見やすくするため。　エ　水面から水が蒸発しないようにするため。

(2) 2日間で葉のうらからは、何mm分の水が蒸散しましたか。

(3) 葉の表とうらの両面にワセリンをぬり、A〜Dと同じように水面に油をたらした試験管Eを用意しました。このとき、2日間で水位は何mm下がると考えられますか。数字で答えなさい。

2 植物の蒸散について調べる実験をしました。これについて、あとの問いに答えなさい。

〈実験〉試験管にそれぞれ同じ量の水を入れ、A〜Dのようにして1日たってから調べてみると水面は表のように下がっていました。ただし、試験管の水面には油を入れてあります。

A

そのまま

B

葉のうらにワセリンをぬる。

C

葉の表にワセリンをぬる。

D

葉を全部取りその切り口にワセリンをぬる。

	A	B	C	D
下がった水位（mm）	16	6	12	2

(1) 葉のうらからの蒸散によって下がった水位は何mmですか。

(2) 葉の表からの蒸散によって下がった水位は何mmですか。

(3) 茎からの蒸散によって下がった水位は何mmですか。

(4) この結果からこの植物の気孔の数は、葉の表、葉のうら、茎のどこにもっとも多くあると考えられますか。

4 植物のはたらき？ 矢印がたくさん……
―呼吸と光合成―

● 植物のはたらきに関連する気体がたくさんあるわけではないことを知らず、難しく感じている。

● 植物のはたらきが3つあることを知らない。

例えばこんな場面で

(1) 次の図は、昼間に動物や植物が空気中の気体を取り入れたり出したりしているようすを表したものです。これについて、あとの問いに答えなさい。

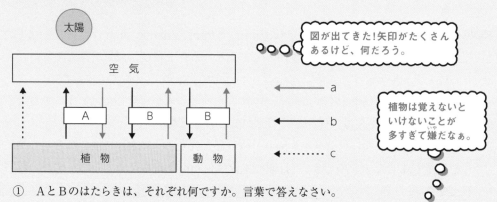

図が出てきた！矢印がたくさんあるけど、何だろう。

植物は覚えないといけないことが多すぎて嫌だなぁ。

① AとBのはたらきは、それぞれ何ですか。言葉で答えなさい。

② aとbにあてはまる気体はそれぞれ何ですか。気体名を答えなさい。

(2) 植物の葉は日光が当たると空気中の（a）を取り入れ、（b）を出しています。このとき、養分となるでんぷんができます。葉でできたでんぷんは水にとけやすいものに変えられ、茎を通って体全体に運ばれます。

① 文章中の（a）・（b）にあてはまる言葉を入れなさい。

② 植物が日光を浴びてもっとも多くでんぷんをつくることができる季節はいつか。次のア〜エから選び、記号で答えなさい。
 ア 春　イ 夏　ウ 秋　エ 冬

③ ②となるのはなぜか。もっとも関係の深いものを、次のア〜ウから選び、記号で答えなさい。
 ア 平均気温　イ 降水量　ウ 昆虫の動き

📖 つまずき解消ポイント

☑ 植物のはたらきは、呼吸・光合成・蒸散の3つのみ！

 まずはこの3つをきちんと覚えましょう。

☑ 植物のはたらきに関連する気体は、酸素・二酸化炭素・水蒸気の3つ！

 たくさんあるわけではありません。

☑ 気体の名前を正確に覚えましょう！

 出てくる名前は決まっています。

解き方

(1)

① 　Aのはたらきは植物だけが行っているので光合成、Bのはたらきは植物も動物も行っているので呼吸です。

② 　aは光合成で取り入れている気体なので二酸化炭素、bは呼吸で取り入れている気体なので酸素です。植物だけが行っている光合成に注目するとわかりやすくなりますね。

(2)

① 　日光が当たって取り入れる(a)は二酸化炭素で、出している(b)は酸素です。

② 　③ 　光合成がさかんに行われる条件は、光が強い、気温が高い、二酸化炭素の濃度が高い、などです。冬よりも夏の方がさかんに行われます。よって、②の答えはイ、③の答えはア。

ここで光合成について、大事な実験を確認しましょう。

まず、日光や二酸化炭素が本当に光合成のために必要なのか、実験で確かめるためにアサガオの葉を3枚用意しました。

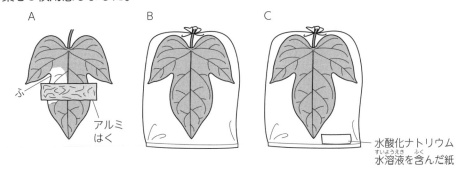

A　ふ（葉の一部が白くなっているところ）入りの葉の一部に、アルミはくをかぶせておく

B　ふのない葉に、とう明なふくろをかぶせておく

C　ふのない葉にとう明なふくろをかぶせ、ふくろの中に、水酸化ナトリウム水溶液を含んだ紙を一緒に入れておく

【手順】

① 　葉を前日から暗いところに置いておく。

→ 　前日から暗いところに置いておくことで、葉の中のでんぷんをなくすことができます。

② 　日光に当てて、摘み取る。

→ 　十分に日光に当てて光合成をさせたあと、葉を摘み取ります。

③ 　熱湯につける。

→ 　葉の活動を止めるために行います。葉でつくられたでんぷんは、師管を通って植物の全身に運ばれます。でも、でんぷんは水にとけにくいので運びづらいのです。だから、一度水にとけやすい糖というものに形を変えて運ばれるのですが、葉の活動を止めないと、光合成でつくったでんぷんが、次から次へと糖に変えられてしまうので、それを防いでいるのです。

④ 　葉をあたためたアルコールにつける。

→ 葉をアルコールにつけると、葉の中の葉緑素がアルコールにとけ出します。そうすると
　葉の緑色がぬけて、ヨウ素液を使うときに色の変化が見やすくなります。

⑤　葉をお湯か水につける。

→ 葉をアルコールにつけると、パリパリに固くなってしまいます。色はぬけたけれども、固
　くなってしまった葉を、やわらかくする必要がありますね。

⑥　ヨウ素液につける。

→ 光合成によりでんぷんができたところは青紫色に変わり、光合成ができなくてでんぷん
　がないところは、茶色になります。

【結果】

A

B

C

✎　**得意にするための1歩**

〈理由〉

A…「ふ」と呼ばれる白いところには、葉緑体がない。つまり「ふ」では光合成ができない。
　またアルミはくでおおった部分では、日光がさえぎられているために、葉緑体があって
　も光合成ができない。色が青紫色に変化するのは、図の色がぬられているところになる。

B…葉緑体も、光合成の材料となる二酸化炭素と水もあって、さらに日光のエネルギーを利
　用することもできたので、Bでは葉全体が青紫色に変化した。

C…ふくろの中に、水酸化ナトリウム水溶液を含んだ紙が入っていた。水酸化ナトリウム水
　溶液は二酸化炭素をよく吸収する性質がある。つまりCのふくろの中には二酸化炭素
　がなくなっていたということ。二酸化炭素は光合成の材料なので、それがなかったCで
　は、光合成ができなかった。Cでは葉全体が茶色のままで、色の変化はない。

1 植物の葉ででんぷんができることを確かめるために、次の実験を行いました。これについて、あとの問いに答えなさい。

〈実験〉1 ふ入りのアサガオの葉に前日の夕方、図1のようにアルミはくを巻いておいた。

2 次の日の昼すぎに葉をとり、図2のようにして、でんぷんができているかどうかを確かめた。ただし、実験の手順は正しく並べられていない。

図1

ふ
アルミはく

図2　a熱湯につける　　b液体Aをたらす　　c液体Bにつけ　　d湯であらう
　　　　　　　　　　　　　　　　　　　　熱湯であたためる

(1) 〈実験〉は植物の何というはたらきを調べるための実験ですか。言葉で答えなさい。

(2) 図2の実験の手順が正しくなるよう、aをはじめとして、b〜dを並べかえなさい。

(3) 〈実験〉2で使った液体A、Bはそれぞれ何ですか。次から選び、記号で答えなさい。
　　ア　石灰水　　　　　　イ　水酸化ナトリウム水溶液　　　　ウ　ヨウ素液
　　エ　アンモニア水　　　オ　アルコール

(4) 図2で、液体Bに葉をつけるのはなぜですか。次から選び、記号で答えなさい。
　　ア　葉をやわらかくするため。
　　イ　色の変化をわかりやすくするため。
　　ウ　葉の中のでんぷんを取りのぞくため。
　　エ　葉の中の水分を取りのぞくため。

(5) 図2で液体Aをたらしたとき、図3の中で色の変化が見られた部分に色をぬりなさい。

(6) この実験からわかることを1つ選び、記号で答えなさい。
　　ア　このはたらきには、水が必要である。
　　イ　このはたらきには、二酸化炭素が必要である。
　　ウ　このはたらきには、葉緑体は必要でない。
　　エ　このはたらきには、適当な温度が必要である。
　　オ　このはたらきには、光が必要である。
　　カ　このはたらきによって、糖分ができた。

図3

花のつくりと受粉のしくみって？
―花と受粉―

- アサガオの実験、よく見るけどポイントがわからない。
- 何のためにふくろをかけるのか知らない。

例えばこんな場面で

アサガオの花から実ができるかどうかを調べるために、次のような順序で実験をしました。これについて、あとの問いに答えなさい。

〔実験〕

① 次の日に花のさきそうなつぼみを3個選んで、それぞれをA、B、Cとし、すべてつぼみの中ほどを切り開き、おしべを全部とる。

② A、B、Cのすべてにポリエチレンのふくろをかけておく。

③ 翌朝、花がさいたら、Aの花はふくろを取ってめしべの柱頭に花粉をつける。つけ終わったら、またふくろをかけておく。一方、Bの花はふくろを取ってしまう。また、Cの花はふくろを取らずにそのままにしておく。（A、B、Cのまわりには別のアサガオの花がさいている。）

④ それぞれの変化を続けて観察し、それぞれに実ができるかどうかを見る。

> ふくろをかける？何やっているんだろう。

(1) ふくろをかけておくのはなぜですか。ア～ウより正しいものを選び、記号で答えなさい。
　　ア　別の花と区別するため。
　　イ　別のアサガオの花のおしべの花粉がめしべにつかないようにするため。
　　ウ　花から水分が蒸発して、しおれないようにするため。

(2) A、B、Cのどの花に実ができると考えられますか。実ができるものをすべて答えなさい。

(3) アサガオの花は、どの部分が実になりますか。言葉で答えなさい。

> こういうのはよくわからないけど、できるときとできないときがあるんだよなぁ。

📖 つまずき解消ポイント

☑ **まずは花のつくりを覚えましょう！**
　ここは暗記しなくてはならないことが多いです。名前をきちんと覚えましょう。

☑ **何のためにあるのか考えましょう！**
　花びらは虫を呼ぶために必要です。では、なぜ虫を呼ぶのか。理解することが大切です。

☑ **受粉のしくみを理解しましょう！**
　理解したうえで覚えることが大切です。

まず花のつくりを確認しましょう。

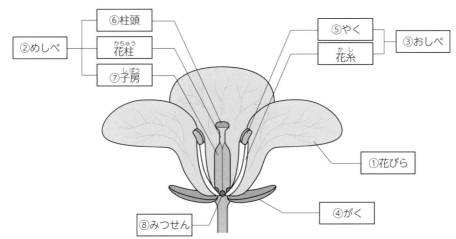

┌───┐
│ ① は ② や ③ を守るようについており、色などで虫をさそっている。 ④ は ① の外側にあ │
│ り、つぼみのときに花全体を包み、花が開いたあとは、花を支えるはたらきがある。 ③ は花粉をつくる │
│ ⑤ と、 ⑤ を支える花糸からできている。 ② は花粉がつきやすいようにねばねばしていたり、毛 │
│ が生えていたりする ⑥ と、ふくらんでいて、受精後に実になる ⑦ と、受精後に種子になる胚珠、 │
│ ⑥ と ⑦ の間にある花柱の部分からできている。 ② や ③ のつけ根には、 ⑧ があるものも │
│ あり、みつを出して虫をさそうはたらきがある。 │
└───┘

おしべでつくられた花粉がめしべの柱頭につくことを**受粉**といいます。受粉した花粉は花柱を通って花粉管をのばし、胚珠にたどり着きます。最後に、たどり着いた花粉は胚珠と合体し一つになります。このことを**受精**といいます。**受粉と受精のちがいはきちんと覚えてくださいね。**

なお、受精すると「胚珠が種子」に「子房が実」になることも覚えておきましょう。

（1）めしべに別の花の花粉がついてしまっては、実験①でおしべを全部取った意味がなくなります。答えは<u>イ</u>。

（2）めしべにおしべの花粉をつけたＡには実ができます。また、ふくろを取ったＢには、別の花の花粉が運ばれてくる可能性があるためＢにも実ができると考えられます。ふくろをつけたままのＣは、自分の花のおしべがなく、別の花からの花粉もつかないため実をつくることができません。<u>Ａ・Ｂ</u>。

（3）アサガオは、<u>子房</u>の部分が成長して実になります。

〈虫媒花と風媒花〉

植物は自分では花粉を運べないため、風や虫などによって運んでもらいます。風によって花粉が運ばれるものを**風媒花**、虫によって運ばれるものを**虫媒花**と呼ぶことは覚えておきましょう。虫媒花は、虫に来てもらうために工夫をしていて、風媒花は風がふいたときに飛べるように工夫をしています。

	虫媒花	風媒花
花のようす	・大きい ・きれい（派手） ・香りがある ・みつが出る	・小さい ・目立たない ・においはない ・みつが出ない
花粉のようす	・大きく重い ・少ない ・ねばねばしていたり、 　とげがあったりする	・小さく軽い ・多い ・さらさらしている
めしべのようす	・ねばねばしている	・細かい毛がついている

なおまちがえやすい例として、タンポポがあります。虫媒花と風媒花、どちらかわかりますか？ふぅーって風でとばすイメージが強いので風媒花と思った人！ちがいますよ。黄色いきれいな花がさきますよね。**タンポポは「虫媒花」**です。みんなが風でふき飛ばすのは、最後白くなったものですよね。あれは綿毛がついた種子です。虫媒花と風媒花の区別は種子ではなく、花粉がどのようにして柱頭につくのか、ということで考えます。まちがえないようにしておきましょう。

〈完全花と不完全花〉

めしべ・おしべ・花びら・がくが1つの花にあるもののことを**完全花**といいます。また、めしべ・おしべ・花びら・がくが1つの花にないもののことを**不完全花**といいます。風媒花は虫を呼ぶ必要がないため、花びらを持っていないものも多いです。めずらしいものではありません。

〈自家受粉〉

代表的な例として、イネ・アサガオ・エンドウ の3つは覚えておきましょう。

〈真果と偽果〉

被子植物は子房の中に胚珠が入っています。私たちはその子房が成長した部分を果実と呼んで食べていることが多いのです。このように子房が成長して果実になったものを**真果**といいます。しかし、例外もあります。例外はイチゴ・ナシ・リンゴ などです。では、どの部分を食べているのでしょうか？正解は、花たくと呼ばれる部分です。このように子房以外の部分が成長して果実になったものを**偽果**といいます。

1 植物の受粉について実験を行いました。あとの各問いに答えなさい。

［実験］

- アサガオの3つのつぼみ（①・②・③）を使い、次の操作を行いました。

- 1日目の朝：①と②のつぼみは、つぼみの中のおしべをすべて取り去りました。③のつぼみは、おしべを取らないで、3つのつぼみ全体にそれぞれふくろをかぶせ、ふくろの口を閉めました。

- 2日目の朝：すべてのつぼみから花がさきました。①の花はそのままにし、②の花はふくろを取り、他のアサガオの花粉をめしべにつけました。③の花もふくろを取り、おしべをすべて取り去りました。②と③の花には再び花全体にふくろをかぶせて、ふくろの口を閉めました。

- 3週間後：①〜③の花に種子ができているかを調べたところ、①の花には種子ができていませんでしたが、②と③の花には種子ができていました。

(1) 1日目に、①と②のつぼみからおしべをすべて取り去ったのはなぜですか。次のア〜エから正しいものを1つ選び記号で答えなさい。

　ア　おしべは、種子ができることに関係がないため。

　イ　おしべは、種子ができることをじゃまをするため。

　ウ　おしべにできた花粉がめしべの先につくのを防ぐため。

　エ　花粉がめしべの先についているので、おしべはいらないため。

(2) 1日目に、①と②のつぼみからおしべをすべて取り去ったあとでふくろをかぶせたのはなぜですか。次のア〜ウから正しいものを1つ選び記号で答えなさい。

　ア　他のアサガオの花粉がめしべにつくのを防ぐため。

　イ　めしべが風にふき落とされないようにするため。

　ウ　めしべの先についている花粉が虫に運ばれないようにするため。

(3) 2日目に、③の花がさいてからおしべをすべて取り去ったあとでふくろをかぶせたのはなぜですか。次のア〜ウから正しいものを1つ選び記号で答えなさい。

　ア　おしべは、種子ができることに関係がないことを調べるため。

　イ　おしべは、種子ができることをじゃますることを調べるため。

　ウ　花粉がめしべの先につくのは、花がさく前か後かを調べるため。

(4) 3週間後、③の花に種子ができたのは、どうしてですか。次のア〜ウから正しいものを1つ選び記号で答えなさい。

　ア　1日目に、おしべをすべて取り去らなかったから。

　イ　2日目に、おしべをすべて取り去ったから。

　ウ　花粉がめしべにつかなかったから。

(5) この実験から、アサガオの花の受粉はどのように行われることがわかりますか。次のア〜ウから正しいものを1つ選び記号で答えなさい。

　ア　こん虫が花粉を運んでつける。

　イ　風が花粉を運んでつける。

　ウ　おしべがのびるとき、めしべの先にふれて花粉がつく。

6 何を暗記したらよいかわからない……
―季節と生物・森林―

● すべて覚えないといけないと思い、拒否反応が出てしまい、何も覚えることができない。
● 身近な植物については学習しなくてよいものだと思っている。

例えばこんな場面で

身近に見られる草花を、花の色で①～⑤のグループに分けました。あとの問いに答えなさい。

① ナズナ・ハコベラ・ハルジオン
② オオマツヨイグサ・セイタカアワダチソウ・セイヨウタンポポ
③ ヒガンバナ・ホトケノザ
④ エノコログサ・スズメノテッポウ
⑤ オオイヌノフグリ・カラスノエンドウ・ツユクサ

いくつか名前を少し聞いたことはあるかな…。

(1) ①～⑤の花の色はどれですか。次のア～オからそれぞれ1つ選び、記号で答えなさい。
　　ア　青色　　イ　緑色　　ウ　黄色　　エ　赤色　　オ　白色

(2) すべての花が春にさくグループはどれですか。①～⑤から1つ選び、番号で答えなさい。

(3) すべての花がちがう季節にさくグループはどれですか。①～⑤から2つ選び、番号で答えなさい。

(4) 外国から入ってきて、身近に見られるようになった草花だけのグループはどれですか。①～⑤から1つ選び、番号で答えなさい。

(5) すべての草花がロゼットで冬を越すグループはどれですか。
　　①～⑤から1つ選び、番号で答えなさい。

(6) すべての草花の葉がよく似た形をしたグループはどれですか。①～⑤から1つ選び、番号で答えなさい。

📖 つまずき解消ポイント

☑ すべて覚えることはできません。知っているものから問題を解きましょう！
　覚えるときも知っているものをイメージして、そこから知識をふくらませていきましょう。

☑ 学校の教科書に出る植物は大切です！
　何度も書いて覚えることだけが勉強ではありません。小学校の教科書も見てみましょう。

☑ 出来そうで出来なかったものを優先的に少しずつ覚えていきましょう！
　何度も見るような植物もあります。何度もまちがえているものは優先的に覚えましょう。

解き方

(1) ①<u>オ</u> ②<u>ウ</u> ③<u>エ</u> ④<u>イ</u> ⑤<u>ア</u>

(2) <u>①</u>　(3) <u>③・④</u>

　　花がさく季節は①ナズナ・ハコベラ・ハルジオンは春。②オオマツヨイグサは夏、セイタカ
　アワダチソウは秋、セイヨウタンポポは春から秋。③ヒガンバナは秋、ホトケノザは春。④エ
　ノコログサは夏から秋、スズメノテッポウは春。⑤オオイヌノフグリ・カラスノエンドウは春、
　ツユクサは夏です。

(4) <u>②</u>　(5) <u>②</u>　(6) <u>④</u>

(4) オオマツヨイグサ・セイタカアワダチソウは北アメリカから、セイヨウタンポポはヨーロッ
　パなどから入ってきました。このように外国からやってきて日本に住みついた植物を帰化<ruby>植<rt>き</rt></ruby><ruby>物<rt>ぶつ</rt></ruby>といいます。オオマツヨイグサやセイタカアワダチソウは日本っぽい名前ですね。帰化植物
　であることを思い出せるように、

> オオマツヨイグサ → ビッグマツヨイグサ　　セイタカアワダチソウ → ビッグアワダチソウ

　と<ruby>呼<rt>よ</rt></ruby>ぶイメージでいるとわかりやすいですね。
　なお今回は出ていませんが、オシロイバナも代表的な帰化植物です。

> オシロイバナ → オシロイフラワー

　と呼ぶイメージですね。

(5) タンポポは地面にべったりとはりついて冬を越します。これを、**ロゼット**といいます。この
　ように冬を越すことで、<ruby>茎<rt>くき</rt></ruby>をつくるエネルギーを使わなくてよくなるし、冷たい風に当たらな
　くてすむのです。

(6) エノコログサ・スズメノテッポウはイネ科で単子葉類だから、葉が細長くてすじが平行に
　なっています。

✎ 得意にするための1歩

〈植物まとめ〉

• 春の七草	セリ、ナズナ、ゴギョウ、ハコベラ、ホトケノザ、スズナ（カブ）、ス ズシロ（ダイコン）
• 秋の七草	ハギ、ススキ、キキョウ、ナデシコ、オミナエシ、クズ、フジバカマ
• 春の植物	アブラナ、チューリップ、ヒヤシンス、ウメ、サクラ、春の七草
• 夏の植物	オオマツヨイグサ、ヒメジョオン、ホウセンカ、アサガオ、ヒマワリ、ネムノキ
• 秋の植物	コスモス、ヒガンバナ、秋の七草
• <ruby>落葉樹<rt>らくようじゅ</rt></ruby>	葉が茶色になるもの（たくさん）、葉が赤色になるもの（モミジ）、葉が黄色 になるもの（イチョウ）
• 冬越し	タンポポ（ロゼット）、サクラ（<ruby>冬芽<rt>ふゆめ</rt></ruby>）
• 帰化植物	セイヨウタンポポ、オオマツヨイグサ、セイタカアワダチソウ、オシロイバ ナ、シロツメクサ（クローバーとも呼ばれる。名前に「マメ」がついていな いが、マメ科である。）

〈わたり鳥〉

　わたり鳥には夏鳥と冬鳥という二種類があります。**夏鳥というのは夏を日本で過ごす鳥の**
ことです。夏鳥は冬になって寒くなる少し前に、あたたかい南の国へ飛んでいきます。そし
て夏になると南の国はとても暑くなってしまうから、その少し前にまた日本にやってきま
す。夏鳥にはツバメ、カッコウ、ホトトギスなどがいます。夏鳥とは反対に、**冬鳥は日本で**
冬を過ごす鳥のことです。夏になって暑くなる少し前に北の国へ飛んでいき、また冬になっ
て北の国が寒くなりすぎる少し前に日本にやってくるのです。冬鳥にはツグミ、ガン、カモ、
ハクチョウなどがいます。

　　夏鳥・・・日本で夏を過ごす（ツバメ、カッコウ、ホトトギス）
　　冬鳥・・・日本で冬を過ごす（ツグミ、ガン、カモ、ハクチョウ）

〈森の植物の移り変わり〉

森ができていくようすを植物の移り変わりを説明しながら考えていきます。最初に、**裸地**と
いう何もない土地が必要となります。これは土地を焼きはらうか、火山の噴火によって流れ
てきた溶岩が冷え固まることによってできるものです。火山が噴火して裸地ができる場合を
説明していきます。この裸地は岩におおわれているため、焼き払ってできた裸地とはちがい、
すぐに植物が根をはれる状態ではありません。そのため、**最初は根をはらないコケが生えて**
いくことになります。そうして、**岩だったところが徐々に砂になっていき、植物が根をはる**
ことができる状態になります。なお、土地を焼き払ってできた裸地の場合、この状態から植
物が移り変わっていきます。

最初に生えるのは**一年生植物**です。しかし少し経つと一年生植物に代わって**多年生植物**が増
えてきます。さらに時間が経つと**陽樹**が成長し、陽生林ができます。ただ、陽生林の中には
日光があまり入ってこないため、陽樹の幼い木が新しく育つのは難しいのです。そこに**陰**
樹が成長していくんですね。そのうち陽樹と陰樹が混ざった森ができて、これを**混交林**と呼
びます。陽樹は森ができた時点で新しく育たなくなっているため、長い時間を経ると陽樹は
すべて寿命を迎え、最終的には陰樹の森ができます。この状態を**極相**、もしくは**極相林**と
呼びます。

　　陽樹…サクラ、マツ（クロマツ、アカマツ）、コナラ、クリ、ハンノキ
　　陰樹…タブノキ、ブナ、カシ、シイ
　　　（覚え方の例　陽樹は「桜待つなら栗ご飯」、陰樹は「多分、危なっかしい」）

裸地　　コケ　　一年生植物　　多年生植物　　　陽生林　　　混交林　　　極相林
　　　　　　　　　　　草原

時間の変化

116

1 次の問いにそれぞれ記号で答えなさい。

　(1) 春の七草でないものはどれですか。

　　　ア　ナズナ　　イ　セリ　　ウ　カブ　　エ　レンゲソウ　　オ　ダイコン

　(2) 秋になると、葉が黄色に変化する植物はどれですか。

　　　ア　モミ　　イ　イチョウ　　ウ　ツバキ　　エ　マツ　　オ　スギ

2 次の文を読んで、あとの問いに答えなさい。

　　Aさんと B君は、ある晴れた冬の日に、ある植物を見つけました。

　　Aさん「これは冷たい風に当たらないようにしているのね。」

　　B君　「そして地面から熱がにげるのをふせぐためにこんなかたちなんだよね。」

　　Aさん「花は黄色で、昔、ヨーロッパから入ってきたものよね。」

　　B君　「今ではすっかり広がっているね。このようなものを帰化植物っていうよね。」

---

　(1) 2人が見つけたある植物とは何ですか。次のア〜エより選び、記号で答えなさい。

　　　ア　ホウセンカ　　　イ　ハルジオン　　　ウ　アサガオ　　　エ　セイヨウタンポポ

　(2)（1）で答えたある植物の葉のかたちを何といいますか。カタカナ4文字で答えなさい。

3 次の文章は長い年月をかけて見られる植物の移り変わりについて説明したものです。文章中
　の[　　]にあてはまる言葉をそれぞれ答えなさい。

　　火山活動などで全く植物のない裸地ができる。ここには何年かたつと[1]類が生え始める。

　[1]類はかたい岩石をやわらかい土に変えていくので、ここにイヌタデのような[2]生の

　植物が育ち始める。やがて、[2]生の植物にかわってススキなどの[3]生の植物の草原に

　なる。[3]生の植物に混じりアカマツなどの[4]生の樹木（陽樹）が生え始める。陽樹

　によって日光がさえぎられるので[3]生の植物は育たなくなり陽樹の森林になる。陽樹の森

　林の中は暗いので陽樹の幼木は育たず、[5]生の樹木（陰樹）の幼木が育つ。やがて陽樹と陰

　樹の混じった森林になる。新しい陽樹は育たないので、陽樹が枯れると陰樹だけの森林になる。

　陰樹の幼木は、陰樹の森林内でも育つので山火事や火山のふん火などがない限り、陰樹の森林は

　いつまでも安定している。

● 丸暗記しようとして、できる問題も考えようとしていない。
● 覚えることがたくさんあると思っている。

例えばこんな場面で

生物どうしのつながりについて、次の文を読み、あとの問いに答えなさい。

　林や水田など自然の中では、植物や動物は①食べ物を通して、「食べる・食べられる」という関係でつながっています。また、植物と動物は空気を通しても関わり合っています。こうした生物どうしのつながりの中で、植物は光を受けてでんぷんをつくるという点から生産者と呼ばれます。また、動物は、植物や他の動物を食べて養分を得るという点から消費者と呼ばれます。植物や動物の他にも、土の中には顕微鏡でしか見えない生物がたくさんいて、その中には落ち葉や死がいやふんなどに含まれている養分を細かく分解し、別のものに変えて生きているものもいます。これらの生物を分解者といいます。

難しそうだなぁ。文章が長いだけで読む気がなくなってくる…。

(1)　下線部①の関係を何といいますか。

(2)　下線部①について、ある林では落ち葉は動物Aに食べられ、動物Aは動物Bに食べられ、動物Bは動物Cに食べられるという関係があります。それを矢印を使って表したものが図1です。次の①～③に答えなさい。

図1

①　動物A～Cを数の多い順に左から並べると、ふつうどうなりますか。次のア～カから1つ選び、記号で答えなさい。

　ア　ABC　　イ　BAC　　ウ　CAB　　エ　ACB　　オ　BCA　　カ　CBA

②　落ち葉が少なくなって動物Aの数が減った場合、そのあと動物BとCの数はどうなると考えられますか。次のア～エから1つ選び、記号で答えなさい。

　ア　Bが増え、その次にCが増える。　　イ　Bが減り、その次にCが増える。
　ウ　Bが増え、その次にCが減る。　　　エ　Bが減り、その次にCが減る。

③　図2は、ある水田で見られる生物の「食べる・食べられる」という関係を、図1と同じように表したものです。動物D～Gにあてはまるものを、次のア～エからそれぞれ1つ選び、記号で答えなさい。

　ア　バッタ　　イ　タカ　　ウ　トンボ　　エ　ヘビ

図2

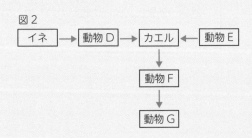

📖 つまずき解消ポイント

☑️ **食べる、食べられるの関係を理解しましょう！**

難しいことではありません。強いものが弱いものを食べるだけです。

☑️ **覚えることは多くありません！しくみを理解しましょう。**

問題文では矢印が何を表すかに注目です。

☑️ **「状況が変化したとき、何がどのようになるか」を考えましょう！**

すべて丸暗記ではありません。考えて解ける問題もあります。

(解き方)

（1）このような関係を食物連鎖といいます。食物連鎖によって、物質が自然界を循環しています。

（2）① 動物Aは落ち葉を食べる草食動物、動物Bは小型の肉食動物、動物Cは大型の肉食動物です。大型の肉食動物が一番多かったら怖いですよね。数はこの順に少なくなっていきます。よって答えはア。

② 動物Aの数が減った場合、まずは動物Aを食べている動物Bの数が減り、続いて動物Bを食べている動物Cの数が減ってきます。よって答えはエとなります。なお、動物Aに食べられていた落ち葉は一時的に増えますが、その後また動物Aが増えて、動物B、動物Cと続いて増えていき、何かが絶滅しなければ結局元通りになります。

③ 動物Dはイネの葉などを食べるバッタです。なおトンボは肉食なのでイネを食べません。そのためDではなくEがトンボとなります。また、カエルは昆虫を食べます。そしてカエルはヘビや鳥などに食べられます。 D：ア　E：ウ　F：エ　G：イ。

なお植物は、自分で光合成によって養分をつくり出せますね。だから、植物は**生産者**と呼ばれます。その植物を食べた動物や、さらにその動物を食べる動物を、**消費者**といいます。あと、**分解者**と呼ばれる生物もいます。これは菌類や細菌類などで、植物や動物の死がいや動物のフンなどを、小さくしたりして**分解**します。例えば、森に落ち葉が落ちていきますね。これは時間がたったら、生えている木より高いところまで積もっていって、森が落ち葉だらけになっちゃった、なんてことにはなりませんよね。落ち葉を菌類や細菌類が分解して小さくして、それを肥料にしてまた植物が成長していきます。これが、下の図のようにつながっていきます。

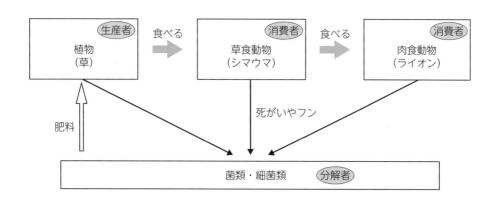

〈生態ピラミッド〉

当たり前だけど、食物連鎖では、食べられるものほど個体数や量が多くなっていますね。この関係は右図のようなピラミッド型になります。これは、つり合いが取れていて、たとえば、何らかの原因で、草食動物が増えたとしましょう。すると減る生き物がいますよね。何でしょう？それは草食動物に食べられる植物ですよね。たくさん食べられちゃう。逆に増えるのは？　小型の肉食動物ですよね。それを食べる大型の肉食動物も増えそうですね。でも、しば

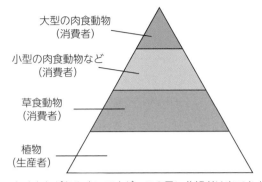

※よくまちがえやすいですが、この図に分解者は出てきません。植物の上に何個あってもすべて消費者です。

らくすると、えさとして食べられた植物が減ってきて、それをえさにする草食動物が減ってきて、草食動物が減ってきたら、それをえさにしていた小型の肉食動物も減ってきて、その後、小型の肉食動物をえさにしていた大型の肉食動物が減っていきます。このようにして、はじめのピラミッドの形に戻るのです。

📝 **得意にするための1歩**

〈プランクトン（浮遊生物）〉

プランクトンには、**植物プランクトン**と**動物プランクトン**があります。植物プランクトンは、光合成をして養分をつくり出す水中の生産者で、ミカヅキモ、ハネケイソウ、クンショウモ、イカダモなどがその例です。動物プランクトンは、動き回ることができます。例として、ミジンコ、ゾウリムシ、ラッパムシなどがいます。また、プランクトンの中には、特別なものもいて、ミドリムシやボルボックスは、光合成をすることができるし、動くこともできます。ミドリムシはピョコッと出たべん毛を動かして動くし、ボルボックスは外側にあるべん毛を動かして動きます。

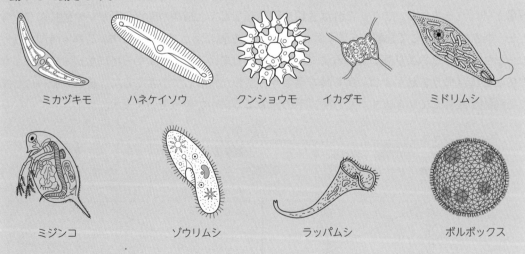

ミカヅキモ　　　ハネケイソウ　　　クンショウモ　　イカダモ　　　　ミドリムシ

ミジンコ　　　　ゾウリムシ　　　　ラッパムシ　　　　ボルボックス

1 次の問いに答えなさい。

(1) 下の図は池の中、および森の中に住んでいる生物の食べる・食べられるという関係を示したものです。（例）を参考にして図の①〜⑦にあてはまるものを下のア〜キより選び、記号で答えなさい。

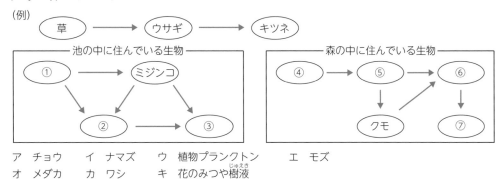

（例）

ア　チョウ　　イ　ナマズ　　ウ　植物プランクトン　　エ　モズ
オ　メダカ　　カ　ワシ　　キ　花のみつや樹液

(2) (1)のア〜カの中で、自分で養分をつくっている生物はどれですか。1つ選び、記号で答えなさい。

(3) 図の池の中に住んでいる生物の数は、長い年月がたつと、どのように変わりますか。次のア〜オより選び、記号で答えなさい。
　　ア　環境が変わらなければ、①の生物は増え続け、③の生物は減り続ける。
　　イ　環境が変わらなければ、①の生物は減り続け、③の生物は増え続ける。
　　ウ　環境が変わらなければ、①〜③の生物は増え続ける。
　　エ　環境が変わらなければ、①〜③の生物は減り続ける。
　　オ　環境が変わらなければ、長い年月がたっても生物の数はあまり変わらない。

(4) 図のような生物の食べる・食べられるという関係のつながりを何といいますか。言葉で答えなさい。

2 次の文の▢1〜▢3にあてはまる言葉を答えなさい。

　こん虫や魚などは1回の産卵で非常にたくさんの卵を産む。たとえば、マンボウは約3億個もの卵を産む。もし3億個の卵がそのまま成長を続けたら海はマンボウだらけになってしまう。しかし、実際にはそんなことは起こらない。なぜかというと、それだけ卵を産んでも成長していく間に、ほかの動物に▢1られたり、病気で死んだりすることが多いからで

ある。食物連鎖でつながっている生物の数を調べると、食べられる生物の方が食べる生物より必ず▢2くなっている。この関係を図に表すと、右上図のようにピラミッド型になっていて、特別な変化がなければ安定している。また、ピラミッドの底辺にあたる部分は必ず▢3になっている。

8 何となく覚えた気がするけど……ダメ??
―消化と吸収―

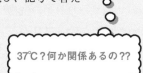

- 名前だけ何となく覚えていればよいものだと思っていて、そのはたらきを確認していない。
- 何度か出てきているものをチェックせず、同じくり返しをしてしまっている。

例えばこんな場面で

右の図はヒトの消化器官を示したものです。
これについて、次の問いに答えなさい。

(1) 図中の a～i の中で、食べ物が通るところはいくつありますか。また、食べ物が実際に通るところを何といいますか。

(2) 次の栄養分を最初に消化する消化液が出されるのはどこですか。それぞれ図中の記号で答えなさい。
① たんぱく質
② でんぷん

(3) 図中の e でつくられる消化液を取り出し、でんぷんのりと混ぜたのち、37℃にして、しばらくしてからヨウ素液をかけると、どうなりますか。次のア～エより1つ選び、記号で答えなさい。
ア 赤紫色に変化する
イ 緑色に変化する
ウ 青紫色に変化する
エ 色の変化はない

37℃?何か関係あるの??

(4) 消化されたほとんどの栄養分は、図中のある場所から吸収されます。その場所はどこですか。記号で答えなさい。

📖 つまずき解消ポイント

☑ まずは食べ物が実際に通るところから覚えましょう!
イメージしながら覚えていくことが大切です。

☑ 何のためにあるのかも考えてみましょう!
名前とセットで覚えておくと、忘れにくくなります。

☑ だ液の実験では温度が大切です!
消化酵素がはたらきやすい温度がありますので、あわせて確認しましょう。

解き方

(1) 食べ物は a の口、 f の食道、 g の胃、 i の小腸、 d の大腸の<u>5つ</u>を通ります。b の肝臓、
c のたんのう、 e のだ液せん、 h のすい臓は通りません。食べ物が実際に通るところを、<u>消化</u>
<u>管</u>といいます。消化管の役割を下の表にまとめます。

消化管	役割
口	かみくだく。だ液と混ぜる。
胃	胃液が出る。
十二指腸	たん汁（たん液）とすい液が流れこんでいる。
小腸	腸液が出る。養分を吸収。
大腸	水分量の調整。

また、消化に関係するところはすべて消化器官と呼ばれます。似ている言葉だけれど、「管」
と「官」の漢字のちがいに注意してください。消化器官の役割を下の表にまとめます。

消化器官	役割
だ液せん	だ液をつくる。
肝臓	たん汁をつくる。
	ブドウ糖をグリコーゲンに変えて、たくわえる。
	有毒なものを無害なものに変える。例：アンモニアを尿素に変える。
	熱をつくる。
たんのう	たん汁をたくわえる。※たん汁は、たんのうではつくらない！
すい臓	すい液をつくる。

(2) たんぱく質は胃の胃液で、でんぷんは口のだ液ではじめて消化されます。①<u>g</u>　②<u>e</u>

消化管	口	胃	小腸			大腸
			十二指腸		空腸・回腸	
消化液	だ液	胃液	たん汁	すい液	腸液	
でんぷん	○	→	→	○	仕上げ	水分調整
たんぱく質	→	○	→	○		
脂肪	→	→	乳化する	○	吸収	

でんぷんは、だ液せんでつくられて口から出てくるだ液のはたらきによって麦芽糖になり、最終的に
ブドウ糖になります。たんぱく質は胃液でペプトンになり、最終的にアミノ酸になります。脂肪は
たん汁で乳化されて、最終的に脂肪酸とモノグリセリドになっていきます。
└─ 細かくしてドロドロにする感じ

(3) だ液には**プチアリン（だ液アミラーゼ）**という消化酵素が含まれていて、体温に近い温度で
よくはたらきます。プチアリンのはたらきによって、でんぷんが麦芽糖に変わるので、ヨウ素液
を加えても色の変化は起こりません。答えは<u>エ</u>。ちなみに**フェーリング液**や**ベネジクト液**は、加
熱すると糖と反応して<u>赤褐色</u>（だいだい色）に変わります。なお胃液の消化酵素はペプシンで
すが、<u>たん汁には消化酵素は含まれていません</u>。よく出てくるので、あわせて覚えましょう。

（4）消化された栄養分は、小腸で吸収されます。答えは i 。小腸について覚えておいてほしいことがあります。小腸では食べた栄養を効率よく吸収するために工夫がしてあります。小腸の内側のかべは、ひだになっているのです。さらに、ひだの表面をおおうように**柔突起（柔毛）**があります。それによって**表面積を大きくすることで、効率よく養分を吸収すること**ができます。ちなみに、柔突起から吸収された養分のうち、水にとけやすいブドウ糖やアミノ酸は毛細血管に、水にとけにくい脂肪酸やモノグリセリドはリンパ管に送られて運ばれていきます。

ブアッと毛細血管

📚 得意にするための1歩

〈だ液のはたらきに関する実験〉

だ液（に含まれるプチアリン）がどのようにはたらいているかを実験で確かめてみます。次のように、試験管の中にでんぷんのりを水でうすめたものを入れ、それを水の入ったビーカーにつけたものを用意します。

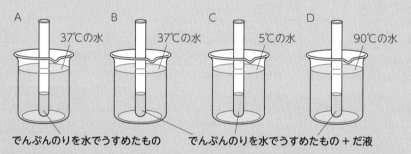

A　37℃の水　　B　37℃の水　　C　5℃の水　　D　90℃の水

でんぷんのりを水でうすめたもの　　でんぷんのりを水でうすめたもの＋だ液

でんぷんがだ液によって消化されると、でんぷんは別のものに変化しているはずですね。そのことを、試験管の中にヨウ素液を入れることで確認してみましょう。ヨウ素液はでんぷんと反応すると、青紫色に変化する試薬でしたね。消化できていればヨウ素液の色は変わらないし、消化できていなければヨウ素液の色が変わるということですね。結果は、「Aは青紫色になった。Bは茶褐色のまま変わらなかった。Cは青紫色になった。Dは青紫色になった。」です。AとBを比べると、だ液があると消化されて、だ液がないと消化されないことがわかります。これは、だ液があるかないか以外の条件はすべて同じだからいえることですよね。

BとCとDを比べると、だ液はヒトの体温くらいの温度である37℃ではたらくようになっていることが確認できますね。

あと、ビーカーに5℃の水を入れたときには、だ液ははたらかなかったけれど、実はこのだ液は37℃くらいになると<u>はたらきが復活します</u>。つまり、Cの試験管をまた37℃の水に入れると消化できるようになります。でも、逆に<u>一度高い温度にしてしまうと、プチアリンが壊れて元には戻らなくなります</u>。つまり、Dの試験管をまた37℃の水に入れても消化できるようになりません。

消化酵素は主にたんぱく質からできています。たんぱく質は卵の白身に多く含まれているのでイメージして欲しいのですが、生卵を冷凍庫に入れて凍らせても、解凍すれば中身はまたドロっとした状態に戻ります。でも一度目玉焼きやゆで卵にしてしまうと、その後に冷やしても元の生卵には戻りません。たんぱく質は熱に弱いのです。

1 次の①〜⑤について、それぞれの消化器官でつくられる消化液を答えなさい。また、⑥〜⑯について、でんぷん・たんぱく質・脂肪には①〜⑤のうち、どの消化液がはたらきますか。はたらくときには○、はたらかないときには×で答えなさい。また⑰〜⑲について、吸収されるとき何になっているかを答えなさい。

	□	胃	肝臓	すい臓	小腸	吸収されるとき
消化液	①	②	③	④	⑤	
でんぷん	⑥	⑦	⑧	⑨	○	⑰
たんぱく質	⑩	⑪	⑫	⑬	○	⑱
脂肪	⑭	⑮	△(乳化)	⑯	×	⑲

2 次の問いに答えなさい。

(1) だ液がはたらく温度として正しいものを次から1つ選び、記号で答えなさい。

ア　0℃以上ではどの温度でも同じようにはたらく。

イ　30 〜 40℃くらいがもっともはたらく。

ウ　60℃以下ではどの温度でも同じようにはたらく。

エ　温度に関係なくはたらく。

(2) 次の液体は、ある栄養素があるかないかを調べることができます。その栄養素を答えなさい。

①　ヨウ素液　　②　フェーリング液

3 消化器官のはたらきについて、次の問いに答えなさい。

(1) 消化器官のはたらきを、次のようにまとめました。文中の　①　〜　⑤　にあてはまる言葉を答えなさい。

食物は□から入って　①　を通って、胃に入る。胃から出る胃液には　②　が含まれていて殺菌のはたらきをする。その後食物は　③　に送られる。
　③　は 6mほどの長さの管で、食物はここで完全に消化され、同時に栄養分が吸収される。　③　の最初の部分を特に　④　という。　③　から続く
　⑤　は 1.5mほどの長さの管で水分を吸収する。

(2) 次の①〜⑤の消化液がつくられる器官を答えなさい。

①　だ液　②　胃液　③　すい液　④　腸液　⑤　たん汁

(3) たん汁がたくわえられる器官を答えなさい。

9 血液って消化器官も関係あるの？
―血液循環―

● 考え方として、血液のスタート地点が心臓であると理解していない。
● 消化器官について、それぞれのはたらきを覚えていない。

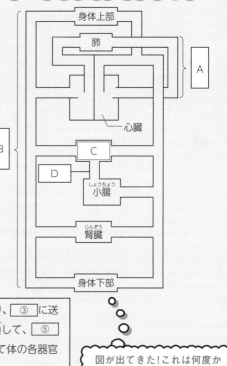

例えばこんな場面で

血液の循環について、次の問いに答えなさい。

(1) 心臓から送られた血液が肺を通り、また心臓に戻ってくる流れ（図のA）を何といいますか。

(2) 心臓から送られた血液が体中を通り、また心臓に戻ってくる流れ（図のB）を何といいますか。

(3) 図のCとDにあてはまる器官や血管の名前を答えなさい。

(4) 血液の流れを説明した次の文の①～⑧にあてはまる血管や心臓の部分の名前を、あとのア～クより1つずつ選び、記号で答えなさい。

> 体中から戻ってくる血液は ① を通って心臓の ② に入り、③ に送られて、④ を通って肺へ行く。肺で酸素と二酸化炭素を交換して、⑤ を通って心臓の ⑥ に入り、⑦ へ送られて、⑧ を通って体の各器官に流れていく。

図が出てきた！これは何度か見たことあるけど…。

ア 左心房	イ 左心室	ウ 右心房	エ 右心室
オ 肺動脈	カ 肺静脈	キ 大動脈	ク 大静脈

(5) 血液によって肝臓に送られたブドウ糖は、ある物質に変えられてたくわえられます。この物質を何といいますか。

📖 つまずき解消ポイント

☑ **まずは心臓のつくりについて確認しましょう！**
鳥類とホ乳類は完全な2心房2心室で、部屋が4つあります。

☑ **消化器官のはたらきも大切です！**
消化器官のはたらきを知っておくと、この図も理解しやすくなるはずです。

☑ **似たような問題を何度も解きましょう！**
何度もくり返しているうちに、自然と覚えてきます。

解き方

(1) 肺循環（はいじゅんかん）　(2) 体循環（たいじゅんかん）　(3) C 肝臓　D 門脈（もんみゃく）

(4) ① ク　② ウ　③ エ　④ オ　⑤ カ　⑥ ア　⑦ イ　⑧ キ　(5) グリコーゲン

まず心臓について説明していきます。

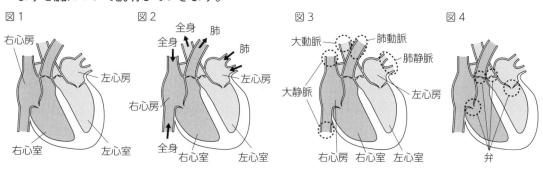

図1　図2　図3　図4

心臓は、血液を全身に送り出すポンプのような役割（やくわり）をしています。ヒトの心臓は図1のように4つの部屋に分かれています。**血液のスタート地点は「左心室」**です。ここから勢いよく血液が流れていきますが、このように心臓から出ていく血液が通る血管を**「動脈」**といいます。

血管は、大きく3種類に分けることができます。動脈と静脈と毛細血管の3種類です。3種類をまとめます。

- 動脈…**心臓から出ていく**血液が通る血管
- 静脈…**心臓に戻ってくる**血液が通る血管
- 毛細血管…**動脈と静脈の間をつなぐ細い血管**

次に図2を見てください。右心房と左心房に戻ってきている血管は静脈だし、右心室と左心室から出ていっている血管は動脈ということがわかりますね。全身につながる血管は「大動脈」や「大静脈」といい、肺につながる血管は「肺動脈」や「肺静脈」といいます。心臓に関して、4つの部屋の名前と4つの血管の名前はしっかりと覚えておく必要がありますので、図3にまとめます。

最後に図4。静脈や心臓には、血液の逆流を防ぐための「**弁**」というつくりが備わっています。

それでは、血液がどのように全身を流れているかを確認しましょう。心臓からの流れは、心臓から肺を通って戻ってくる流れと、心臓から全身を通って戻ってくる流れの2つがあります。それぞれ、肺循環と体循環といいます。

次ページの図は血液の流れを模式的（もしきてき）に表したものです。いろいろな書き方ができる図なのでよく出てきます。

①の血管は心臓から肺に向かう血管だから、**肺動脈**ですね。②が**肺静脈**です。④が**大動脈**。⑥は肝臓に向かう動脈だから、肝動脈。⑦の小腸と肝臓をつなぐ静脈のことを**門脈**といいます。大事な血管だから覚えておいてください。

血管の名前については、門脈以外は覚えなくても考えればわかりますよね。同様に、それぞれの血管にどのような特徴(とくちょう)があるのかも丸暗記ではなく、わかるようにしておいてください。

図の①〜⑨の血管について次の条件にあてはまるのはどの血管でしょう。

- もっとも酸素の多い血液が流れている血管
- もっとも二酸化炭素の多い血液が流れている血管
- もっとも不要物の少ない血液が流れている血管
- 食事後、もっとも養分の多い血液が流れている血管
- 空腹時(くうふく)、もっとも養分の多い血液が流れている血管

①	肺動脈
②	肺静脈
③	大静脈
④	大動脈
⑤	肝静脈
⑥	肝動脈
⑦	門脈
⑧	腎静脈(じんじょうみゃく)
⑨	腎動脈(じんどうみゃく)

酸素は肺で取りこむのだから、酸素がもっとも多い血管は、②(肺静脈)ですよね。逆に、二酸化炭素がもっとも多いのは、肺の直前である①(肺動脈)になります。肝臓では有害なものを無害なものに変えてあげるんでしたね。そして、その不要物は腎臓で尿(にょう)にして体から出します。つまり、腎臓を過ぎた⑧(腎静脈)で二酸化炭素以外の不要物がもっとも少なくなります。栄養は小腸で吸収(きゅうしゅう)するんでしたね。ということは、食後は小腸から肝臓に栄養を送るから、もっとも養分が多いのは⑦(門脈)ですね。そして食事によって得た養分を肝臓にグリコーゲンとしてたくわえるんでしたね。空腹時は、肝臓からその養分を引き出すのだから、⑤(肝静脈)がもっとも養分が多くなります。

✍ 得意にするための1歩

〈動脈血と静脈血〉

血管の動脈と静脈とは言葉は似ているけれど、別の意味のものだから注意してください。酸素の多い血液のことを**動脈血**、二酸化炭素の多い血液のことを**静脈血**といいます。肺で血液に酸素を補給(ほきゅう)するのだから、左心房や左心室とつながる血管には動脈血が流れているはずですね。つまり、**肺静脈や大動脈には動脈血が流れています**。逆に、肺に流れていく肺動脈や、全身から戻ってくる**大静脈には静脈血が流れています**。

- 動脈血が流れている：肺静脈、大動脈
- 静脈血が流れている：大静脈、肺動脈

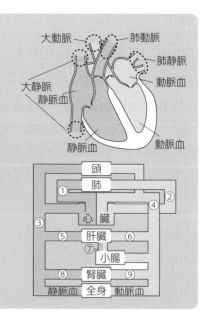

1 右の図はヒトの血液の循環を模式的に表したものです。
図中のA〜Dはそれぞれの器官を示しています。これについ
て、次の問いに答えなさい。

(1) 次の(i)、(ii)のはたらきを行っているところは、A〜Dの
うちのどこですか。1つずつ選び、記号で答えなさい。
また、その器官の名前を答えなさい。

　(i) 空気中の酸素を取り入れ、血液中の二酸化炭素を捨
てている。

　(ii) 分解した栄養分を吸収している。

(2) 次の(i)、(ii)のような血液が流れている血管は①〜⑤のう
ちどれですか。それぞれすべて選び、番号で答えなさい。

　(i) 酸素を多く含む血液が流れている。

　(ii) 二酸化炭素を多く含む血液が流れている。

(3) ヒトの体内を血液が循環している順序として、正しいものを次から1つ選び、記号で答
えなさい。

　ア　肺 → 左心房 → 右心室 → 全身 → 右心房 → 左心室 → 肺

　イ　肺 → 右心房 → 左心室 → 全身 → 左心房 → 右心室 → 肺

　ウ　肺 → 左心房 → 左心室 → 全身 → 右心房 → 右心室 → 肺

　エ　肺 → 右心房 → 右心室 → 全身 → 左心房 → 左心室 → 肺

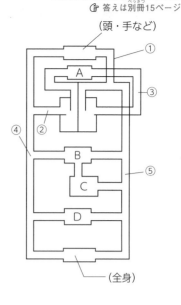

2 右の図は、ヒトの血液の循環を模式的に表したものです。
これについて、次の問いに答えなさい。

(1) 図のA〜Fの血管で、静脈血が流れている動脈はどれで
すか。

(2) 図のA〜Fの血管で、動脈血が流れている静脈はどれで
すか。

(3) 図のBの血管には、どのような特徴が見られますか。

　ア　二酸化炭素の多い血液が流れ、弁がない。

　イ　酸素の多い血液が流れ、弁がない。

　ウ　あざやかな赤色の血液が流れ、弁がある。

　エ　黒ずんだ赤色の血液が流れ、弁がある。

(4) 図のFの血管を流れる血液に含まれている栄養分は何で
すか。

　ア　ブドウ糖と脂肪酸　　　　　イ　ブドウ糖とアミノ酸

　ウ　アミノ酸とモノグリセリド　エ　脂肪酸とモノグリセリド

(5) 図の腎臓の主なはたらきを、次から1つ選び、記号で答えなさい。

　ア　血液中の不要物をこし取って、尿をつくる。　イ　血液の流れをつくる。

　ウ　食物を一時とどめ、一部を消化する。　　　　エ　血液中に酸素を取り入れる。

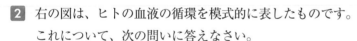

10 進化の順番、イメージできる？
—セキツイ動物の分類—

- ●ひとつひとつについて、考えたことがなくて理解できていない。
- ●進化の順番に覚えていくことを知らない。

例えばこんな場面で

次の表は、セキツイ動物をさまざまな点から分類したものです。あとの問いに答えなさい。

	魚類	両生類	ハ虫類	鳥類	ホ乳類
皮ふ	うろこ	（ ① ）	（ ② ）	（ ③ ）	毛
呼吸	（ ④ ）	えらと肺		（ ⑤ ）	
（ ⑥ ）		変化する		変化しない	
心臓	1心房1心室	2心房1心室	不完全な2心房2心室	完全な2心房2心室	
子の産み方		A 卵生			B 胎生
受精		体外		体内	
子の育て方		育てない		育てる	

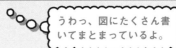

うわっ、図にたくさん書いてまとまっているよ。

(1) 上の表の（①）～（⑤）にあてはまる言葉を、次のア～キから1つずつ選び、それぞれ記号で答えなさい。
　ア　肺　　　　イ　気門と気管　　ウ　うろこ　　　　エ　羽毛
　オ　外骨格　　カ　えら　　　　キ　しめった皮ふ

(2) 上の表の（⑥）にあてはまる分類基準として正しいものを、次のア～エから1つ選び、記号で答えなさい。
　ア　気候　　イ　大きさ　　ウ　食物　　エ　体温

(3) 下線部Aについて、ハ虫類の場合の説明として正しいものを、
　次のア～エから1つ選び、記号で答えなさい。
　ア　やわらかい殻やかたい殻を持つ卵を、かくして産む。
　イ　殻がついていない小さな卵を、水中に一度に数多く産む。
　ウ　多くの種類では、じょうぶな殻に包まれた卵を数個産む。
　エ　卵は寒天のようなものに包まれており、多くは水中に産む。

どの動物がハ虫類だったっけ…。イモリ？ヤモリ??

(4) 下線部Bについて、ホ乳類の中にも卵を産むものがあります。
　その例として正しいものを、次のア～エから1つ選び、記号で答えなさい。
　ア　シカ　　イ　カモノハシ　　ウ　カンガルー　　エ　クジラ

📖 つまずき解消ポイント

☑ **まずは表の内容をすべて覚えましょう！**

ここに出てくるものは、すべて大切です。

☑ **進化の順番に覚えていきましょう！**

魚類 → 両生類 → ハ虫類 → 鳥類・ホ乳類、となります。（表の左から順番通りです）。

☑ **理由やしくみを理解しながら、覚えていきましょう！**

理由やしくみを理解し、考えながら覚えていくことで忘れにくくなります。

解き方

(1) ①キ ②ウ ③エ ④カ ⑤ア （2）エ （3）ア （4）イ

(1) 背骨がある動物をセキツイ動物といいます。イの気門と気管は、昆虫の腹についているもので、セキツイ動物にはありません。なお気門は気体の出し入れをするところで、ヒトの鼻の穴や口に相当します。気管は呼吸をするところで、ヒトの肺に相当します。

(3) イは魚類、ウは鳥類、エは両生類の説明です。

(4) 生物はたくさんいるので、例外もあります。カモノハシについては、ホ乳類だけど卵生であることを覚えておきましょう。

　まず、水中で誕生した生物が、それぞれ魚類、両生類、ハ虫類、鳥類・ホ乳類へと進化していくにつれて、どのように変わってきたのかについて確認をします。この5種類は必ず上からこの順番で覚えておいてください。

	呼吸	体温	生まれる場所	殻	生まれ方	子どもの世話	生物の例
魚類	えら	変温動物	水中（体外受精）	ない	卵生	親が子どもの世話をしない	サケ・サメ・フナ
両生類	えら → 肺						カエル・イモリ・オオサンショウウオ
ハ虫類	肺		陸上（体内受精）	ある			ヤモリ・ヘビ・カメ・トカゲ・キョウリュウ
鳥類		恒温動物				親が子どもの世話をする	ペンギン・スズメ・ダチョウ
ホ乳類					胎生		クジラ・イルカ・シャチ・アザラシ・コウモリ

次に、なぜこの順番で覚えてほしいかという話ですが、上の表を見てもらうとわかるように5種類を順番通りに覚えていると、いろいろな特徴がきれいに上下に分かれるからです。例えば、ホ乳類が胎生であることは思い出せる。鳥類が卵生であることも思い出せる。でもハ虫類がどっちだったか思い出せない…といったときに「鳥類から上はすべて卵生だからハ虫類も卵生」とわかるわけですね。なかには例外もありますが、基本的には次ページのようになっています。

魚類と両生類で分かれるちがい

〈魚類〉は大きくなってもえら呼吸をするけれど、〈両生類・ハ虫類・鳥類・ホ乳類〉は大きくなると肺呼吸をします。えらは水の中から酸素を取り入れるつくりで、肺は空気の中から酸素を取り入れるつくりです。

両生類とハ虫類で分かれるちがい

さっきと似ているけれど、〈魚類・両生類〉は小さいときはえら呼吸をして、〈ハ虫類・鳥類・ホ乳類〉は小さいときから肺呼吸をしています。卵についてもちがいがあります。〈魚類・両生類〉はうすい膜におおわれた卵を水中に産む（体外受精）けれど、〈ハ虫類・鳥類〉は殻におおわれた卵を陸上に産みます（体内受精）。卵を陸上に産む場合は、卵の内側を乾そうから守るために、殻でおおわれていることが必要です。理由もあわせて覚えておきましょう。

ハ虫類と鳥類で分かれるちがい

〈魚類・両生類・ハ虫類〉は変温動物、〈鳥類・ホ乳類〉は恒温動物です。変温動物は気温が変わると体温も変わるけれど、恒温動物は気温が変わっても体温を一定に保てるんでしたよね。

鳥類とホ乳類で分かれるちがい

〈魚類・両生類・ハ虫類・鳥類〉は卵生、〈ホ乳類〉は胎生です。卵生というのは「卵」で生まれてくることで、胎生というのは「親と似た姿」で生まれてくることです。

🖋 得意にするための1歩

〈まちがえやすいもの〉

　イヌがホ乳類だとか、ハトが鳥類っていうのは、あまりまちがえることはありませんよね。いくつかまちがえやすいものがあるから、ここでしっかりと押さえておきましょう。まちがえやすいということは、問題にも出やすいということですよね。

特にまちがえやすいものは、「モリ」がつくイモリ、ヤモリ、コウモリ。他には、水中で生活しているサメ、イルカ、クジラ。これらが何類に分類されるのか確認していきましょう。

イモリは、漢字で書くと「井守」と書くことができます。「井戸を守る」と書いてイモリと覚えればよさそうですね。井戸といえば水に関係ある、ということでイモリは両生類です。

ヤモリは、漢字で書くと「家守」と書くことができます。「家を守る」と書いてヤモリと覚えればよさそうですね。家の中が水の中だったら大変ですね。だから陸に関係ある、と考えましょう。ということでヤモリはハ虫類です。

コウモリは、空を飛んでいるから鳥類とまちがえられることが多いのですが、実はホ乳類です。反対に鳥類なのに空を飛べない鳥がペンギンです。

サメは魚類です。イルカとクジラはホ乳類です。イルカやクジラは必ず水面に出てきて呼吸をするということを考えるとわかりやすいかもしれません。ここら辺はまちがえやすいからしっかり覚えておきましょう。

あと、ヘビやカメを両生類と思う人も多いです。水の中に入るイメージがあるからでしょうか。でもそれだと、ヒトもお風呂やプールに入るから両生類…とは、ならないですよね。

答えは別冊15ページ

1 次の表は、動物の生活の仕方や体のつくりをもとに、いろいろな動物をア〜カの6つのグループに分類したものです。これについて、あとの問いに答えなさい。

ア	イ	ウ	エ	オ	カ
スズメ ハト	イヌ ネコ	カメ トカゲ	メダカ コイ	カエル イモリ	エビ カニ

(1) 寒天質に包まれた卵を産んでなかまをふやすグループはどれですか。ア〜カから1つ選び、記号で答えなさい。

(2) 体温を一定に保つことができるグループはどれですか。ア〜カからすべて選び、記号で答えなさい。

(3) 一度に産む卵の数がもっとも少ないグループはどれですか。ア〜カから1つ選び、記号で答えなさい。

(4) ア〜オのグループをまとめて何といいますか。

(5) エのグループの呼吸の仕方を簡単に説明しなさい。

2 次の図は動物をいろいろな特徴をもとに分けたものです。

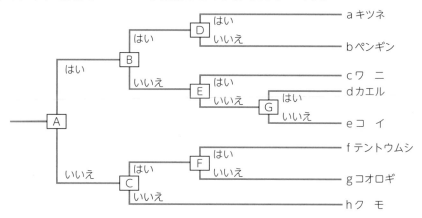

(1) 図の中のA〜Gのそれぞれにあてはまる特徴を選びなさい。

 ア 体温が一定である。   イ 子は母体内で育てられて生まれる。

 ウ 肺で呼吸する時期がある。 エ さなぎになる時期がある。

 オ 体が3つの部分に分かれている。 カ 背骨がある。

 キ 殻のある卵を陸上に産む。

(2) 次の動物はa〜hのどの動物と同じなかまですか。

 ① イモリ ② イルカ ③ ダチョウ ④ ヤモリ ⑤ ゲンゴロウ

1 計算で意識する2つのポイントは？
―ばね―

- 計算は複雑でないと思って頭の中だけで考えてしまい、聞かれていることに答えていない。
- ポイントを知らず、いつも何となく解いてしまう。

例えばこんな場面で

右の表のように、10gのおもりをつるすと22cmの長さに、20gのおもりをつるすと24cmの長さになるばねがあります。これについて、次の問いに答えなさい。

ただし、ばねやばねをつないでいる棒（ぼう）の重さは考えないものとします。

おもり(g)	10	20
長さ(cm)	22	24

(1) このばねは10gで何cmのびますか。

おっ、これは文章も数字も少ない。できるかな。

(2) このばねの自然長は何cmですか。

(3) このばねに50gのおもりをつけると、ばねの全長は何cmになりますか。

(4) このばねを6本用意して、右の図の①～③のようにつなぎました。①～③につるしたおもりはすべて30gです。このとき、①～③のばね1本の長さはそれぞれ何cmになりますか。ただし、②・③はそれぞれのばねの間で中央の位置におもりがつるされているものとします。

(5) このばねを2本用意して、右の図の④・⑤のようにつなぎました。このとき、④・⑤はそれぞれ何cmのびますか。

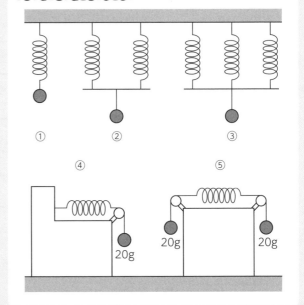

📖 つまずき解消ポイント

☑ ばねの問題は、まず「自然長」と「のび」の2つを意識しましょう！
　まずこの2つに注目し、そこから考えていくことが大切です。

☑ 簡単（かんたん）に見える計算でも最後まで油断しないこと！
　問われていることが「全体の長さ」なのか「のび」なのか、きちんと確認（かくにん）しましょう。

☑ ばねを半分に切った場合「ばねののび」にも気をつけましょう！
　自然長だけでなく、ばねののびも半分になることを覚えておきましょう。

解き方

(1) まず、右の表を見てください。

　10g増えると2cm長くなっていることがわかりますね。つまり10gで<u>2cm</u>のびます。

	+10		+10	
おもり(g)	0	10	20
長さ(cm)	☐	22	24
	+2		+2	

(2) ばねの元々の長さを**自然長**といいます。

　元の長さということもあります。おもりが0gの状態の話ですね。上の表でおもり0gのときを考えると、<u>20cm</u>となりそうですね。「ばねののび」というのは、ばねにおもりをつるしたり、何か力を加えたりしたときにのびる長さのことをいい、比例の関係となります。あわせて理解しておきましょう。

(3) 全長という言葉が出てきました。名前の通り全部の長さのことです。自然長にばねののびを足したものですね。 ばねの全長(ばね全体の長さ) ＝ 自然長(ばねのもとの長さ) ＋ ばねののび

なお、(1)と(2)で自然長とのびがわかりましたので、少しまとめてみます。

```
自然長  20 cm
のび  ×5 ⌇10 g →  2 cm⌇ ×5        20 ＋ 10 ＝ 30cm
         ⌇50 g → 10 cm⌇
```

重さが5倍なので、のびも5倍の「10cm」となります。

ただし、ここで「10cm」と答えないように注意してください。今回問われているのは全長です。この単元、実は、ここで「ばねののび」を答えてまちがえてしまう人が多いのです。他の分野に比べると計算がそこまで難しくないことが多いからでしょうか。みなさんはきちんと最後まで見て、問われていることに答えるように強く意識しましょう。

(4) ①
```
自然長  20 cm
のび  ×3 ⌇10 g → 2 cm⌇ ×3        20 ＋ 6 ＝ 26cm
         ⌇30 g → 6 cm⌇
```

② 2本のばねの中央の位置におもりがつるされているとき、それぞれのばねにかかる重さは半分ずつとなるので、15gずつおもりがつるされていることと同じです。よって、下のようになります。

```
自然長  20 cm
のび  ×1.5 ⌇10 g → 2 cm⌇ ×1.5     20 ＋ 3 ＝ 23cm
          ⌇15 g → 3 cm⌇
```

③ 3本のばねの中央の位置におもりがつるされているとき、それぞれのばねにかかる重さは$\frac{1}{3}$ずつとなるので、10gずつおもりがつるされていることと同じです。よって、下のようになります。

```
自然長  20 cm
のび     10 g → 2 cm          20 ＋ 2 ＝ 22cm
```

(5) ④は、下の図のばねと同じになることはわかりますか。下の図では、おもりがばねを引く力は下向きにかかり、ばねがおもりを引く力は上向きにかかってつり合っていますが、④は、おもりがばねを引く力は右向きにかかり、ばねがおもりを引く力は左向きにかかってつり合っているだけのちがいなのです。

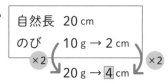

よって、右のようになります。

自然長　20 cm
のび　　10 g → 2 cm
　　　×2 ⤵　　　⤵ ×2
　　　　　20 g → 4 cm

最後まで油断しないでくださいね。今回問われているのは「のび」です。
だから、答えは 4cm となります。

⑤の場合は、左右両方から引かれているから40gで8cmのびるんだ、とはなりません。
④と⑤を見比べてみると、ばねの左側がかべに支えられているか、20gのおもりに支えられているかのちがいになっていますね。
どちらに支えられていてもばねにかかる力は同じになるのです。
すると、これも上と同じように考えられますね。
だから、⑤も④と同様に、答えは 4cm となります。
今後、⑤のような問題は、片方をかべにして④のように考えるとわかりやすそうですね。

✏ **得意にするための1歩**

〈ばねを半分に切った場合〉
　ばねを半分に切った場合、自然長は半分の長さになりますが、さらに、ばねののびも半分になってしまいます。たとえば、例題のばね（自然長20cm・10gで2cmのびる）を半分に切ったら、自然長10cm・10gで1cm（20gで2cm）のびるばねになるのです。

先ほどの例題（5）⑤で、ばねを真ん中で切って左側と右側に分けて考えてみると、次のようになります。
⑤

左ののび　20g→2cm　　　右ののび　20g→2cm

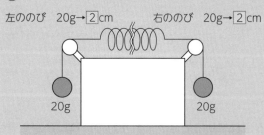

半分になったばねののびはそれぞれ2cmです。それが左右2つあると考えると、合計で4cmのびることがわかりますね。⑤はこのように考えることもできるのです。ただし毎回2つに分けて考えるのはめんどうなので、④と同じだということを理解しておきましょう。

自然長　20 cm
のび　　10 g → 2 cm

➡ 半分

自然長　10 cm
のび　　10 g → 1 cm
　　　×2 ⤵　　　⤵ ×2
　　　　　20 g → 2 cm

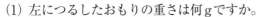
1 図1のように、ばねを真ん中にして、かっ車（定かっ車）で支え、左と右に同じ重さのおもりをつるしたところ、ばねは0.2cmのびました。このばねは、10gのおもりをつるすと0.1cmのびます。これについて、次の問いに答えなさい。

(1) 左につるしたおもりの重さは何gですか。

(2) 図2のように、左のおもりをはずして、床<ruby>(ゆか)</ruby>にひもをしばりつけました。右のおもりはそのままにしてあります。このとき、ばねののびはどのようになりますか。正しいものを選び、記号で答えなさい。

　ア　0.2cmより短くなる。

　イ　0.2cmのままである。

　ウ　0.2cmより長くなる。

図1
ばねののび　0.2cm

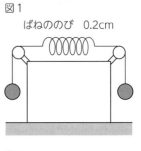

図2

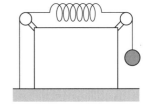

2 何もつるさないときの長さが20cmであるばねがあります。このばねに重さ100gのおもりをつり下げたら、ばねの長さが22cmになりました。次の各問いに答えなさい。ただし、ばねの重さは考えないものとします。

(1) ばねに、ある物体をつるすと、ばねの長さが30cmになりました。この物体は何gですか。

(2) ばねにつるしたおもりの重さとばねののびの関係をグラフにすると、どのようになりますか。右のグラフのア～ウから1つ選び、記号で答えなさい。

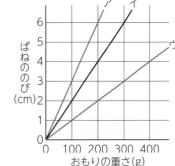

3 自然長が30cmで、10gの重さのおもりをつるすと6cmのびるばねを5本用意して、右の図の①、②のようにつなぎました。次の▭の中のア～クにあてはまる数字を答えなさい。ただし、ばねやばねをつないでいる棒の重さは考えないものとします。

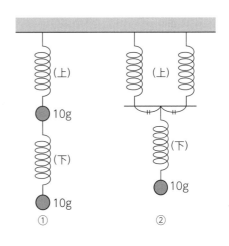

①の上のばねについて、かかる重さは▭ア▭gとなるので、のびは▭イ▭cmである。また、下のばねについて、かかる重さは▭ウ▭gとなるので、のびは▭エ▭cmである。②の上のばね1本にかかる重さはそれぞれ▭オ▭gとなるので、どちらも全長は▭カ▭cmである。また、下のばねについて、かかる重さは▭キ▭gとなるので、のびは▭ク▭cmである。

2 計算じゃないのに、難しい？
―てこの利用―

- 支点、力点、作用点の3つがどのようなものか理解できていない。
- てこを利用した道具について、知らないものがある。

例えばこんな場面で

てこについて、次の問いに答えなさい。

(1) てこは、支点、力点、作用点の位置関係によって、下の図のように3つに分けることができます。それぞれの図に作用点を書きこみなさい。なお、作用する方向に矢印も書きなさい。

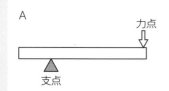

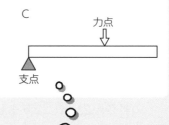

A　力点　支点

B　力点　支点

C　力点　支点

これならできそうな気がするな……と思ったら、あれ？支点って何だっけ？作用点??

(2) 次の①〜⑫の道具は、(1) のA〜Cのどのてこを利用したものですか。
1つずつ選び、それぞれ記号で答えなさい。

① ペンチ　　　　　② 毛ぬき　　　　　③ 和ばさみ

④ せんぬき　　　　⑤ かん切り　　　　⑥ 上皿てんびん

⑦ ホッチキス（大型）　⑧ はさみ　　　　⑨ さおばかり

⑩ 穴あけパンチ　　⑪ ピンセット　　　⑫ くぎぬき

📖 つまずき解消ポイント

☑ **まずは支点、力点、作用点について理解しましょう！**
きちんと確認して、忘れないようにしてください。

☑ **注目するのは真ん中です！**
力点と作用点が両端で入れかわったとしても、真ん中（この場合は支点）は変わりません。

☑ **道具の使い方をひと通り確認しておきましょう！**
実際に使用するイメージをすると、使い方がわかります。

解き方

　右の図は、てこを使って岩を持ち上げようとしているところです。

ここで棒が回転する中心となるB点を**支点**、力を加えているA点を**力点**、加えた力が作用するC点を**作用点**といいます。

まずはこの3つを理解しましょう。

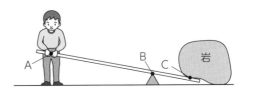

(1) 問題の図に、支点と力点の2つがすでに書かれているので、左側、真ん中、右側の中で何も書かれていないところが作用点です。ただし、矢印の向きにも気をつけましょう。実際に力点と書かれている部分に力を加えたらどのようになるかをイメージしてみるとよいですね。

　答えは下のようになります。

  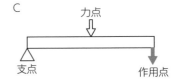

(2) Aは支点が真ん中にあるてこ、Bは作用点が真ん中にあるてこ、Cは力点が真ん中にあるてこです。どのように使用するのかイメージしてみましょう。答えは下のようになります。

①A ②C ③C ④B ⑤A ⑥A ⑦B ⑧A ⑨A ⑩B ⑪C ⑫A

代表例を紹介していきます。

支点が力点と作用点の間にあるてこ

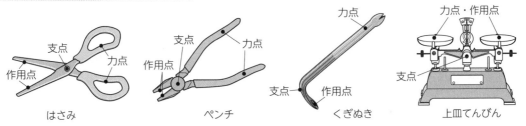

はさみ　　　　　ペンチ　　　　くぎぬき　　　上皿てんびん

作用点が支点と力点の間にあるてこ

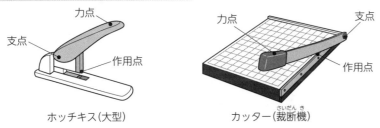

ホッチキス（大型）　　　カッター（裁断機）

この種類のてこは、支点から力点までの距離の方が長くなります。

つまり、小さな力で大きな力を生み出すことができます。

そのかわり、力点の動きに比べ、作用点の動きが小さくなってしまいます。

力点が支点と作用点の間にあるてこ

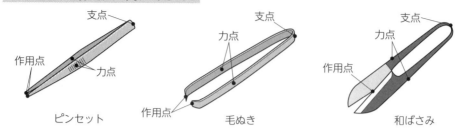

ピンセット　　　　　作用点　　　毛ぬき　　　　　　和ばさみ

この種類のてこは、支点から力点までの距離の方が、必ず短くなります。

つまり、力点の動きに比べ、作用点の動きを大きくすることができます。

そのかわり、力点に大きな力を加えても作用点では小さな力になってしまいます。

🖋 得意にするための１歩

〈作用点が支点と力点の間にあるてこ〉

● せんぬき
　目的は「ふたをとる」ことです。

● ボートのオール
　オールは「水をかく」道具ではなく
　「ボートをこぐ（進ませる）」ための道具です。

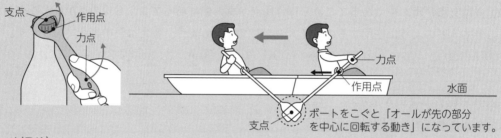

ボートをこぐと「オールが先の部分
を中心に回転する動き」になっています。

〈つめ切り〉

つめ切りは、右下の図のように２つのてこが組み合わさってできているものになります。
上のてこは作用点が支点と力点の間にあるてこ、下のてこは力点が支点と作用点の間にある
てこですね。

力点①のところを押すと、支点①を中心に、作用点①の部分を下に押す、という作用をしま
す。これが上のてこのはたらきです。

すると力点②のところが押されて、支点②を中心に、作
用点②の部分でつめを切る、という作用をするわけです
ね。これが下のてこのはたらきになります。

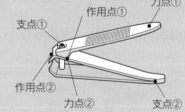

答えは別冊17ページ

1 右の図のはさみやピンセットは、てこを利用した道具です。これについて、次の問いに記号で答えなさい。

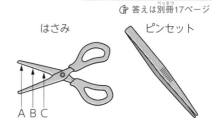

はさみ　　　ピンセット

(1) はさみやピンセットは、下のどの種類のてこにあてはまりますか。ア〜ウから1つずつ選び、それぞれ記号で答えなさい。

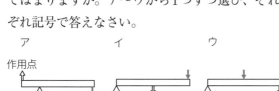

(2) 下の文章で、ピンセットについて書かれたものをすべて選び、記号で答えなさい。
　ア　力点に加える力よりも、作用点ではたらく力の方が大きい。
　イ　力点に加える力よりも、作用点ではたらく力の方が小さい。
　ウ　力点が動く距離よりも、作用点が動く距離の方が大きい。
　エ　力点が動く距離よりも、作用点が動く距離の方が小さい。

(3) 図のはさみで、できるだけ小さな力で糸を切るためには、A〜Cのどの部分で糸をはさむとよいですか。

2 てこには、Ｗ、Ｘ、Ｙがあり、Ｗは Ｚ 運動の中心で固定する点、Ｘは力を加える点、Ｙは力がはたらく点です。てこは、Ｗ、Ｘ、Ｙの位置関係により、次のⅠ〜Ⅲの3種類に分類されます。

- Ⅰ　Ｗが Ｘ と Ｙ の間にある。
- Ⅱ　Ｘが Ｗ と Ｙ の間にある。
- Ⅲ　Ｙが Ｗ と Ｘ の間にある。

(1) 上の文章の Ｗ 〜 Ｙ に入る言葉の組を右の表のア〜カの中から1つ選び、記号で答えなさい。また、Ｚ に入る言葉を漢字2文字で書きなさい。

	Ｗ	Ｘ	Ｙ
ア	力点	支点	作用点
イ	力点	作用点	支点
ウ	支点	力点	作用点
エ	作用点	力点	支点
オ	支点	作用点	力点
カ	作用点	支点	力点

(2) つめ切りは、Ⅰ〜Ⅲの3種類のうち、2種類のてこを利用したものです。
その2種類をⅠ〜Ⅲの中から2つ選び、記号で答えなさい。

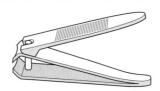

3 支点？ 意識しなくても大丈夫??
―てこのつり合い―

- 棒に重さがあるかどうかを最初に注目せず、まず問題を解こうとしている。
- 支点の位置がよくわからず、「そもそも支点って？」状態で理解できていない。

例えばこんな場面で

てこのつり合いについて、あとの各問いに答えなさい。ただし今回使用した棒は太さが一様で、長さは60cm、重さは50gとします。

(1) 右の図1で、Aのおもりは何gになりますか。

(2) 右の図1で、ばねばかりは何gを示しますか。

(3) 右の図2で、Bのおもりは何gになりますか。

(4) 右の図2で、ばねばかりは何gを示しますか。

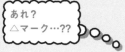

あれ？
△マーク…??

(5) 右の図3で、ばねばかりは何gを示しますか。

(6) 右の図3で、支点には何gの力が加わっていますか。

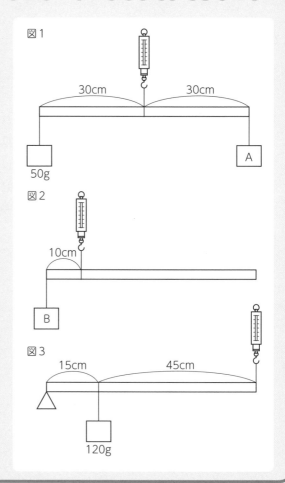

図1
30cm   30cm
50g   A

図2
10cm
B

図3
15cm   45cm
120g

📖 つまずき解消ポイント

☑ **棒に重さがあるかどうかを最初に確認しましょう！**
棒に重さがある場合、必ず図の中に書きこみましょう。気づかないとまちがえてしまいます。

☑ **まず「てこを回転させようとする力」の求め方を理解しましょう！**
「支点からものまでの距離×ものの重さ」で求めることができます。

☑ **「棒が回転する中心となる点のこと」を支点といいます！**
ひもやばねばかりがあるところ、または△印があれば、そこを支点にするとよいことが多いです。

※支点は見つけるものではなく、自分で決めてよいことに注意しましょう。

まず重要な言葉の確認です。「太さが一様」とありますが、これは
「太さがどこも同じ」という意味です。これがなぜ重要かというと、
太さがちがうと最初にやることも変わってくるか
らです。太さが一様な棒だと、真ん中を支えると
つり合いそうですよね。そこに重心があります。
重心というのは、ものを1点だけ指で支えたとき
につり合うような場所のことで、ものの重さがす
べて集まっていると考えられるところです。
つまり、「太さが一様」と書いてあれば、棒の真
ん中にその重さの分だけおもりがあるのと同じな
のです。

そのため、まずは重心に棒の重さを書きこんでから解き始めることが大切です。

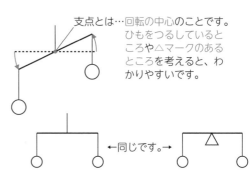

支点とは…回転の中心のことです。
ひもをつるしていると
ころや△マークのある
ところを考えると、わ
かりやすいです。

(1) 回転させようとする力は「支点からものまで
の距離×ものの重さ」でしたね。左側にある
50gのおもりは棒を反時計回りに、30×50＝
「1500」の力で回そうとしています。これにつ
り合うためには、右側にあるAのおもりも同じ
大きさである1500の力で、今度は逆向きの時
計回りに回そうとする必要があります。

30× □ ＝1500　となればよいので、Aは
50g となります。

図1

てこを時計回りに回転させようとする力と、てこを反時計回りに回転させようとする2つの力
がつり合うようにすることがポイントです。

(2) 今度は上下の重さについて考えます。重さなので「g」についての話です。(1)で出てきた
「1500」という数字は、回転させようとする力なので、重さではありません。ここに注意する
と右のようになりますね。よって、ばねばかりは、50＋50＋50＝150g となります。このとき、
棒の重さを書いてない人は気づかずに100gとまちがえてしまうわけです。(1)
はできていたのに…と思っても、それはたまたま数字が合っていたというだけ
です。みなさんは最初にきちんと図に書いて確実に正解できるようにしましょう。

↑150 g
50g 50g 50g

(3) 一番はじめに重心におもりの重さを書くこと
を忘れないでくださいね。10×B＝20×50と
なるのでB＝100g となります。なお距離の比
が1：2のとき、重さの比は
2：1となります。

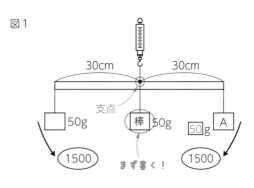

図2

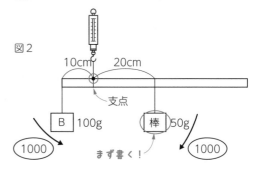

(4)

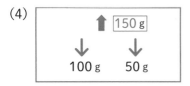

100＋50＝<u>150g</u>となりますね。

図3

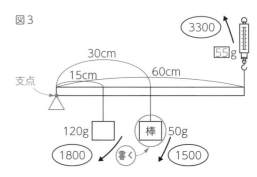

(5) これも、一番はじめに重心（真ん中）におも
りの重さを書くことを忘れないでくださいね。
なお、問題によっては、「棒の重さを考えない
ものとします」とか「軽い棒」とかいう表現が
用いられている問題が出されることもありま
す。こういう問題の場合は、棒に重さがないわけですから、重心に重さを書いてから解き始め
なくてもいいので、ひとつ手順が減ってラッキーですね。でも普通に生活していて棒に重さが
ないということはありますか？そんな棒見たことありませんよね。ですから、注意書きがない
場合は「棒に重さはあるのではないか」と考えることが重要です。棒の重さを問われていなく
ても棒に重さはあると考えることを忘れないようにしましょう。

$15 \times 120 + 30 \times 50 = 60 \times$ ばねばかり　となるので、ばねばかりは$(1800＋1500) \div 60＝$<u>55g</u>
を示します。

(6)

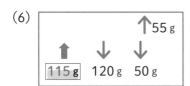

上下のつり合いを考えます。下向きに120＋50＝170g、上向
きに55gなので、つり合うためにはあと上向きに170－55＝
<u>115g</u>必要だとわかりますね。

📎 **得意にするための1歩**

〈棒の太さが一様でないとき〉

(1) 長さが1mで太さが一様ではない棒を片側
ずつばねばかりでつるしたところ、図1のよ
うになりました。このとき、この棒の重さは
何gですか。

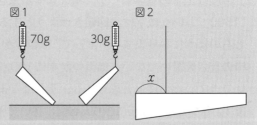

(2) この棒を右の図2のように1点でつるすとつり合いました。このときxは何cmですか。

解答解説

(1) 左を持ったら70g、右を持ったら30gなので、合わ
せて<u>100g</u>

また、右の図のように考えることもできますね。

(2) 重さの比が7：3なので、距離の比は3：7になりま
す。<u>30cm</u>

7×3＝3×7はどちらも同じですね。その考え方です。

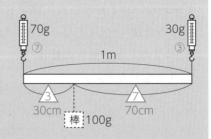

1 次のア～エのてこはすべてつり合っています。☐☐☐にあてはまる数を求めなさい。
ただし、棒の重さは考えないものとします。

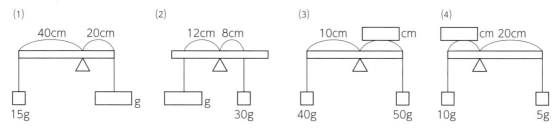

(1) 40cm 20cm ☐g 15g
(2) 12cm 8cm ☐g 30g
(3) 10cm ☐cm 40g 50g
(4) ☐cm 20cm 10g 5g

2 長さ1m、重さ50gの太さが一様な棒に、下の図1～3のようにおもりをつり下げたところ、
つり合いました。これについて、次の問いに答えなさい。

(1) 図1でおもりAの重さは何gですか。
(2) 図1でばねばかりは何gを示しますか。

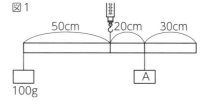

図1　50cm　20cm　30cm　100g　A

(3) 図2でおもりBは何gですか。
(4) 図2でばねばかりは何gを示しますか。

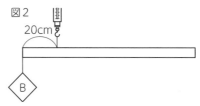

図2　20cm　B

(5) 図3でばねばかりは何gを示しますか。
(6) 図3で支点には何gの力が加わっていますか。

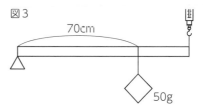

図3　70cm　50g

3 長さ60cmの太さが一様でない棒の両端を片方ずつばねばかりでつり上げたところ、
図1のようになりました。これについて、次の問いに答えなさい。

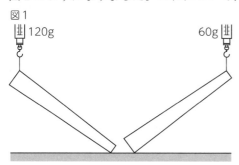

図1　120g　60g

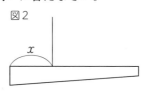

図2　x

(1) この棒の重さは何gですか。
(2) 図2のようにひもでつり下げて、つり合うとき、xは何cmですか。

4 かっ車がたくさん……複雑? 難しい??
―かっ車・輪軸―

- 複雑に考えすぎていて、かっ車のときに気をつけるポイントを理解できていない。
- 「かっ車を組み合わせたときは解き方が変わる」と思いちがいをしている。

例えばこんな場面で

かっ車をいろいろと組み合わせて図のような装置をつくりました。これについて、あとの問いに答えなさい。ただし、かっ車、輪軸、棒、ひもの重さは考えないものとします。

(1) 図1で、ひもを引き上げる力は何gですか。

(2) 図2で、ひもを引く力は何gですか。

(3) 図3で、ひもを引き上げる力は何gですか。

(4) 図1～図3で、A～C点にかかっている力の大きさはそれぞれ何gですか。

(5) 図1～図3で、おもりを1m引き上げました。このとき、ひもを引く長さを比較するとどのようになりますか。1つ選び、記号で答えなさい。

ア 図2＝図3＞図1　　イ 図1＞図2＝図3
ウ 図1＝図2＝図3　　エ 図1＞図2＞図3

(6) 図4で、ひもを引く力は何gですか。

(7) 図5で、ひもを引く力は何gですか。

(8) 図6のように、小円の半径が2cm、中円の半径が6cm、大円の半径が10cmの輪軸にそれぞれおもりをつるしたところ、つり合いました。

① アは何gですか。

② Bのおもりを4cm引き下げました。A・Cのおもりは上下どちらに何cm動きますか。

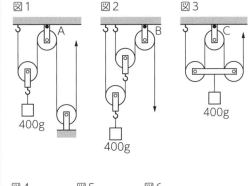

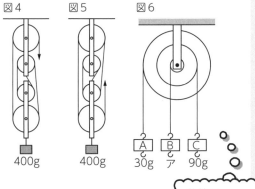

輪軸??
どうしよう…。

📖 つまずき解消ポイント

☑ **定かっ車と動かっ車があっても、いちいち複雑に考える必要はありません!**
かっ車には2種類ありますが、どちらの場合もかっ車の横(1本のひも)にかかる力は同じです。

☑ **かっ車の右側と左側のひもにかかる力など、わかる数字は図に書きましょう!**
書いてから気づくこともあります。まずは手を動かしましょう。

☑ **輪軸はてこ同じです!**
半径の長さが、支点からの距離になります。まずは半径の部分に横線を書きましょう。

（1）それぞれのひもや、天井に加わる力は下の図のようになります。

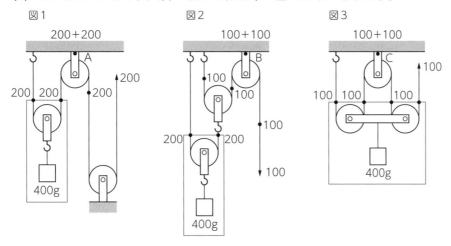

ここで確認してほしいのは、**どのかっ車も右側のひもにかかる力と左側のひも（1本のひも）にかかる力は必ず同じになっているという点**です。図1は赤い囲みの部分から考えていきましょう。400gを右側と左側の両方で支えていますね。だから400÷2＝200gとなります。あとは図のとおり、それぞれのかっ車の左右が同じ数字となるので、答えは200gとなります。なお、かっ車が3つ出てきているけど、ひもは1本であることもあわせて確認しておきましょう。**1本だから、どこでも同じ力がかかるんですね。**

（2）考え方は（1）と同じです。400÷2＝200gのあと、また2点で支えているので200÷2＝100gとなります。あとは左右が同じなので100gとなりますね。

（3）おもりとかっ車が一体になっている赤い囲みの部分には4つのひもがかかっているように見えます。4点で支えているので、400÷4＝100gとなりますね。くっついているものは、□で囲むことが大事です！囲むことによって、気づくことがあるのです。

（4）A：Aにかかっているかっ車の右側と左側のひもに書いてある数字はそれぞれ200gとなっているので、200＋200＝400gとなります。

B：Bにかかっているかっ車の右側と左側のひもに書いてある数字はそれぞれ100gとなっているので、100＋100＝200gとなります。

C：Cにかかっているかっ車の右側と左側のひもに書いてある数字もそれぞれ100gとなっているので、100＋100＝200gとなります。

（5）図1で、「おもりの重さ」と「ひもを引く力」の比は400g：200gなので、2：1ですね。その場合、ひもを引く長さは逆比の1：2となるのでした。これは、手で引くときに軽くてすむ分、引く長さは余計に大変な思いをするということです。軽い上に引く長さも短くてよい…なんて、ラッキーなことはありません。動かっ車では、力で得をしますが、その分距離では損をするのです。よって、1：2＝1m：2mとなり、2m引かなくてはなりません。

図2と図3は同じです。「おもりの重さ」と「ひもを引く力」の比は400g：100gなので、4：1ですね。その場合、ひもを引く長さは逆比の1：4となります。1：4＝1m：□4 mとなり、4m引かなくてはなりません。よって、答えはアとなります。

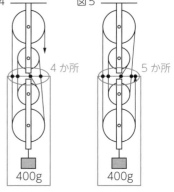

図4　図5

（6）まずはくっついているかっ車を囲みましょう。右の図4で、おもりとかっ車が一体になっている赤い囲みの部分には4つのひもがかかっているように見えます。4点で支えているので、400÷4＝100gとなりますね。

（7）よく見てください！図5は図4とは1本ちがいます。それは、下からもう1本出ていますよね、そこです。5つのひもがかかっているように見えます。5点で支えているので、400÷5＝80gとなりますね。ちなみに図4も図5も、かっ車の左右の力はすべて同じになっていますね。書いてみましょう。

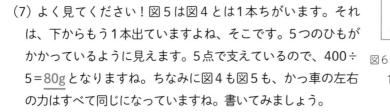

図6　図7

（8）図6は半径の部分に横線を引きましょう。あとはてこと同じです。
① Cの回転は時計回りです。その力は、6×90＝540です。
　AとBの回転は反時計回りです。Aの回転の力は、10×30＝300よって、
　Bの回転の力は540－300＝240です。Bの重さは、240÷2＝120gとなります。
② 図7のように横線を書くと、三角形の相似みたいですね。Aは下に4cm×5＝20cm
　　　　　　　　　　　　　　　　　　　　　　　　　　Cは上に4cm×3＝12cm

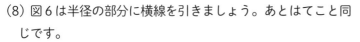

🛫 得意にするための1歩

〈特殊なパターン〉

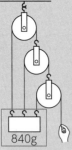

840g

280
280
×
560
280
280
840g
280

左の図で、手で引く力の大きさを考えてみましょう。
「あ、840÷3＝280gですね、簡単です」とはなりません。なぜなら、もし280gだとすると、左下の図のように、上の2つのかっ車で左右が同じにならないですよね。1本のひもにかかっている力がちがうのはおかしいですね。左右が同じになるのは大事なポイントでした。見直したときに気づきますね。
よって、このような特殊なパターンのときは、求めたい部分や一番小さい部分を①などとしてみてから考えましょう。840÷7＝120g

G 120 F 120 E 240 D 240 C 480 B 480 A 960

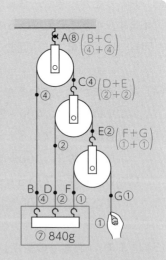

1 かっ車をいろいろと組み合わせて図1〜図4のような装置（そうち）をつくりました。これについて、次の各問いに答えなさい。ただし、かっ車、棒、ひもの重さは考えないものとします。

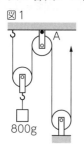
図1

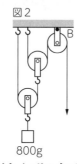
図2

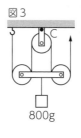
図3

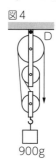
図4

(1) 図1で、ひもを引き上げる力は何gですか。

(2) 図2で、ひもを引く力は何gですか。

(3) 図3で、ひもを引き上げる力は何gですか。

(4) 図4で、ひもを引く力は何gですか。

(5) 図1〜図4で、A〜D点にかかっている力の大きさはそれぞれ何gですか。

(6) 図1〜図4で、おもりを1m引き上げました。このとき、ひもを引く長さを比べるとどのようになりますか。下から選び、記号で答えなさい。ただし、図1＞図2は図1が図2より長いことを、図1＝図2は図1と図2が等しいことを表しています。

　ア　図2＝図3＝図4＞図1　　　イ　図1＞図2＝図3＝図4

　ウ　図1＞図4＞図2＝図3　　　エ　図2＝図3＞図4＞図1

　オ　図1＞図2＞図3＝図4　　　カ　図1＝図2＝図3＝図4

2 右の図のような装置で、輪軸のつり合いを調べました。これについて、次の問いに答えなさい。

(1) つり合いのようすをわかりやすくするために、てこの図を使って下のように表しました。①〜③にあてはまる長さを答えなさい。

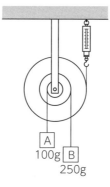
```
外側の輪の半径 12cm
真ん中の輪の半径 6cm
内側の輪の半径 3cm
```
100g A
B 250g

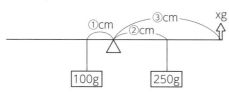
①cm　②cm　③cm　xg
100g　250g

(2) ばねばかりの示す値（あたい）（図のx）は何gになりますか。

(3) ばねばかりを12cm上に引き上げると、A、Bのおもりはどうなりますか。

　（例）にならって答えなさい。　　（例）Aのおもりは5cm上がり、Bのおもりは10cm下がる。

5 浮力がよくわからない……
―浮力―

- アルキメデスの原理を難しく考えすぎてしまい拒否反応が出ている。
- 上下のつり合いについて考えていない。

例えばこんな場面で

> うっ、浮力か。今回の問題は複雑な計算ではなさそうかな…。

浮力について、あとの問いに答えなさい。

(1) 次の　1　～　3　にあてはまる言葉を答えなさい。

> ものが水の中に入ると　1　くなる。これはものが押しのけた水の重さの分だけ、　2　（水がものを押し上げる力）がはたらくためである。これを　3　の原理という。

(2) 下の図の　　　　に、等号（＝）、不等号（＞、＜）のうち1つを選び、入れなさい。

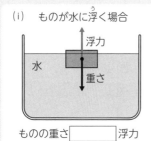
(i) ものが水に浮く場合

ものの重さ　　　　浮力

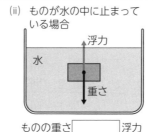
(ii) ものが水の中に止まっている場合

ものの重さ　　　　浮力

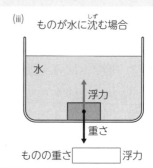
(iii) ものが水に沈む場合

ものの重さ　　　　浮力

(3) 右の図で、水の入ったビーカーを台ばかりではかると320gあります。この水の中に重さ50gの鉄のおもりをばねばかりにつるして入れました。すると、鉄のおもりをつるしたばねばかりの目もりは30gをさしました。このとき台ばかりの目もりは何gになりますか。ただし、糸の重さや体積は考えないものとします。

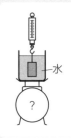

📖 つまずき解消ポイント

☑️ 「アルキメデスの原理」は難しくありません！

「浮力＝液体の中に入っているおもりの体積×液体1cm³あたりの重さ」です。

☑️ まずは物体の重さを図に書きこみましょう！

そのあとに浮力について考えます。まずは手を動かしましょう。

☑️ 上下のつり合いを考えることが大切です！

浮力の問題でまちがえるとき、多くは上下のつり合いについて意識が足りていません。

解き方

(1) ①軽　②浮力　③アルキメデス

　アルキメデスが発見した法則は「流体中の物体は、その物体が押しのけた流体の重さと同じ大きさで上向きの浮力を受ける」というものです。簡単（かんたん）にいうと「浮力の大きさは、物体がどれだけの重さのものを押しのけたか」ということです。つまり、次の式で求めることができるのです。

$$\boxed{\text{浮力}=\text{液体の中に入っているおもりの体積}\times\text{液体1cm}^3\text{あたりの重さ}}$$

(2) (i) ＝　　(ii) ＝　　(iii) ＞

　(i)(ii)はどちらも、物の重さと浮力がつり合っている状態です。そのため動きません。

　(iii) はものの重さの方が浮力より大きいので沈んでいる状態です。そのため、動きませんね。どちらも動かないけど、つり合っているのか沈んでいるのか、ちがいがあるからわかりにくく感じてしまいますね。少しくわしく説明していきましょう。

右のように物体A・B・Cを水の中に入れます。これらの物体を水に入れるとどうなるでしょう。

A：100g・50cm^3

B：100g・100cm^3

C：100g・200cm^3

ここで大切なポイントは、「水は1cm^{3}あたりの重さが1g」ということです。つまり、浮力は以下のようになります。

A：50cm^3×1＝50g

B：100cm^3×1＝100g

C：200cm^3×1＝200g$^※$

※ただし、重さ100gを超えて空中に浮くなんてことはありえませんね。なので浮力は物体と同じ重さの100gとなります。

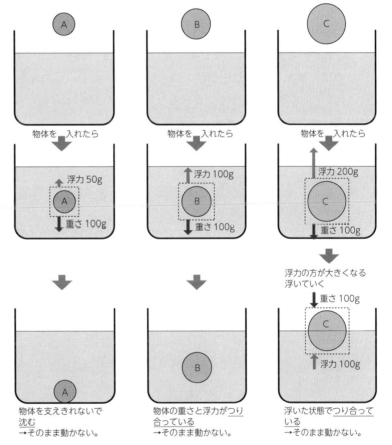

(3) まずは次のページの上の図のようにおもりの重さやばねばかりの目もりが示す数字を書いていきましょう。鉄のおもり50gは下向きです。ばねばかりの目もりは30gと書いていますね。本来50gのはずなのにばねばかりには30gしか力がかかっていないということになります。それは上向きに浮力がはたらいたからですね。50－30＝20g分が上向きの浮力です。ちなみに今回問われているのは台ばかりの目もりなので、320＋50－30＝<u>340g</u>です。

あれっ、浮力は？関係ないの？と思った方もいると思います。

そうなんです。これ、実は浮力など関係なく解くことができますよね。

これがわからなかった人は、「浮力」ではなく「上下のつり合い」がわかっていなかったということになります。なお、浮力が20gとわかれば、実は320＋20＝**340g** と求めることもできます。少し説明をします。台ばかりの大きさは、「水＋ビーカー＋**おもり－ばねばかり**」ですが、「**おもり－ばねばかり**」部分は「**浮力の大きさ**」と同じですね。でも、浮力が台ばかりに直接かかるわけではありません。おもりに浮力20gがはたらくとき、水には浮力と反対向きの力（反力）が20gかかります。よって、「水＋ビーカー＋**反力（浮力の大きさと同じ）**」でも求めることができるのです。

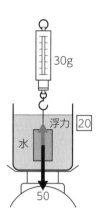

ここでもうひとつ。右図の場合、ばねばかりの目もりが200gを示すというのは大丈夫でしょうか。

おもり300g・浮力100gとわかっていれば、300-100＝200gですね。

これがわかっていれば、この単元はできます。あとは頭の中を整理するために、書きこむクセをつけてほしいと思います。浮力を求めること自体は、「液体の中に入っているおもりの体積×液体1cm³あたりの重さ」なので、そこまで難しく考える必要はありません。

「上向きの力と下向きの力の合計が等しくなる」ことを意識していきましょう。

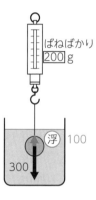

✏️ 得意にするための1歩

〈水以外の液体の場合〉

　今度は水以外の場合も考えてみましょう。300g・200cm³のおもりを準備しました。図1・図4のビーカーには水（1cm³あたりの重さが1g）、図2は油（1cm³あたりの重さが0.8g）、図3は食塩水（1cm³あたりの重さが1.2g）を入れたものとします。

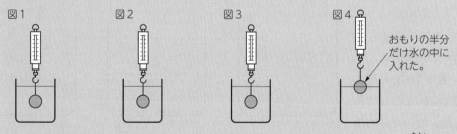

このとき、図1〜図4のおもりにかかる浮力とばねばかりの目もりが示す値は下のようになりますね。

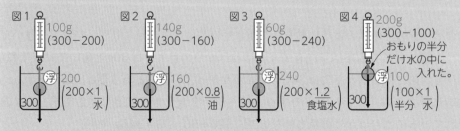

152

1 100gのビーカーに500gの水を入れました。また、おもりは重さ200gで体積が100cm³です。図1〜図4の台ばかりは何gを示しますか。それぞれ数字で答えなさい。

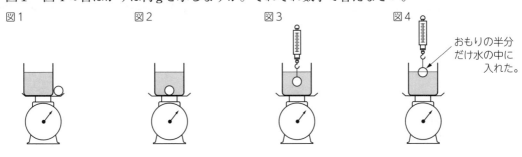

図1　　　　　　　　図2　　　　　　　　図3　　　　　　　　図4

おもりの半分
だけ水の中に
入れた。

2 200g・100cm³のおもりを準備しました。次の問いに答えなさい。ただし図1・図4のビーカーには水（1cm³あたりの重さが1g）、図2は油（1cm³あたりの重さが0.8g）、図3は食塩水（1cm³あたりの重さが1.2g）を入れたものとします。

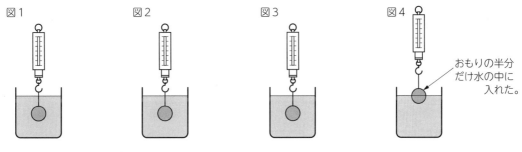

図1　　　　　　　　図2　　　　　　　　図3　　　　　　　　図4

おもりの半分
だけ水の中に
入れた。

(1) 図1〜図4のおもりにかかる浮力はそれぞれ何gですか。

(2) 図1〜図4のばねばかりの目もりが示す値はそれぞれ何gですか。

3 右の図のように重さ100gのビーカーに、水100gを入れ、そこに、重さ12gの木を浮かべました。木は、その3分の1が水の上に出ています。このとき、台ばかりは何gをさしていますか。

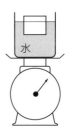

水

4 下の図で斜線部分の体積は何cm³ですか。

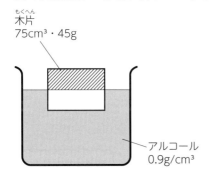

木片
75cm³・45g

アルコール
0.9g/cm³

6 解き方の手順ってあるの？
―豆電球と乾電池―

こんなつまずきありませんか？

- 豆電球の方から考えていくことを知らず、やり方が安定していない。
- 聞かれていることだけに答えようとして、図に書きこんでいない。

例えばこんな場面で

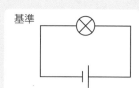

基準

乾電池と ◯ の部分に流れている電流をそれぞれ整数または分数で求めなさい。

ただし、基準の図に流れている電流を1とします。

(1)
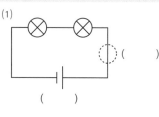
( )
( )

(2)
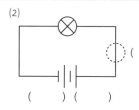
( )
( )( )

(3)
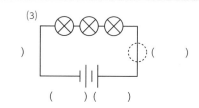
( )
( )( )

(4)
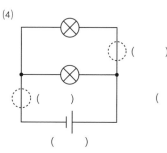
( )
( )
( )
( )

(5)
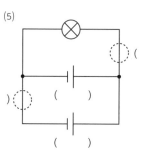
( )
( )
( )
( )

(6)
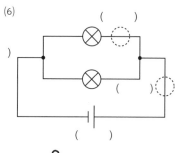
( )
( )
( )

(7)
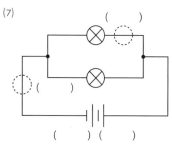
( )
( )
( )( )

(8)
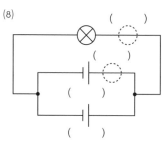
( )
( )
( )
( )

うっ、
たくさんあるな。

(9)
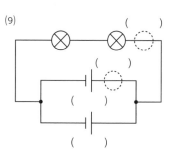
( )
( )
( )
( )

(10)
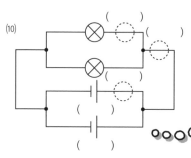
( )
( )
( )
( )

複雑そうな計算はなかったは
ずなんだけど…できるかな。

📖 つまずき解消ポイント

☑️ **まずは豆電球に流れる電流から考えます！**

　電流について考えるときは、豆電球→乾電池→その他の順に考えるのがポイントです。

☑️ **聞かれていなくても、まずは豆電球に流れる電流の数値を書きましょう！**

　豆電球に流れる電流をまず書いて、それを見てから考えます。書かないと気づきにくくなります。

☑️ **並列つなぎ（枝分かれしているつなぎ方）は手でかくして、片方ずつ考えます！**

　一度にすべて考えることはできません。手でかくせば、同じような回路が出てきます。

解き方

　まずは、一番基本の形を説明します。右の回路を見てください。豆電球が1個で乾電池が1個だから、豆電球に流れる電流の大きさは「1」になります。枝分かれしていないので、そのときに乾電池に流れる電流も同じ「1」になります。これが基本です。まずはここから。そして、このように数字を必ず書きましょう！

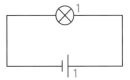

次にまちがえやすいものを1つ説明します。右の回路です。今度は、豆電球が2個で乾電池が1個だから、豆電球に流れる電流の大きさは「$\frac{1}{2}$」になります。

電池1個で豆電球2個つけないといけないので大変なイメージがあれば、何となくできそうですね。ただし、問題はそのあとです。これも枝分かれしていないので、このときに乾電池に流れる電流も同じ「$\frac{1}{2}$」になるのです。

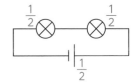

ここがまちがえやすいところです。「えっ、乾電池1個だから1でしょ」とはなりません。

電池の数はここでは関係ありません。直列つなぎの電流はどこも同じなのです。だから**まずは豆電球から考えることが大事**なのです。

このように枝分かれしていない直列つなぎのものができれば、続いて枝分かれしている並列つなぎのものができてきます。直列がわかってはじめて、並列も理解できると思います。下の図です。片方ずつ手でかくしましょう。これは「内側の道」と「外側の道」に分かれているのです。

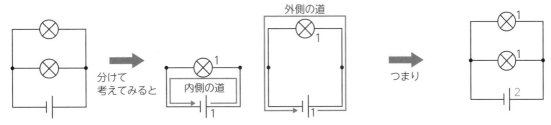

この「内側の道」と「外側の道」の回路はどちらも一番基本の回路と同じですね。よって、上の図のように、豆電球に流れる電流の大きさはそれぞれ「1」となります。ここで注意！このとき、乾電池に流れる電流の大きさは1＋1＝「**2**」になるのです。先ほど同様、電池の数はここでは関係ありません。よろしいでしょうか。まずは豆電球！次に電池やその他の部分を考えることが本当に重要なのです。なお、ここは電池の＋極から豆電球を通って－極の方まで何度もぐるっと手でなぞりながら数字を見てください。毎日3〜4分でも次ページの答えを見続ければ、必ず理解できてきますよ。

答え

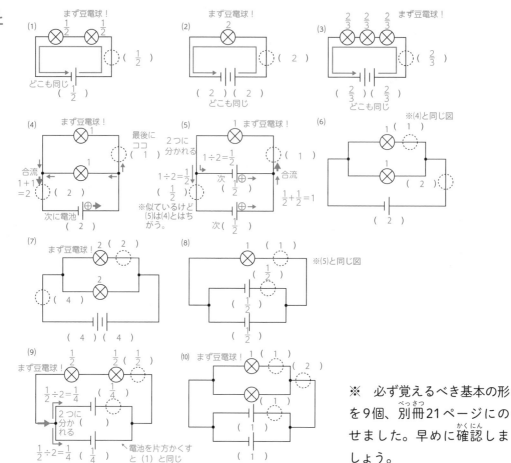

※ 必ず覚えるべき基本の形を9個、別冊21ページにのせました。早めに確認しましょう。

📝 **得意にするための1歩**

〈豆電球の明るさと乾電池の寿命〉

- **豆電球** 数字が大きいほど明るくなりますが、明るさは電流の強さに比例しません。つまり「1」に比べて「2」の方が明るいですが、2倍の明るさというわけではありません。

- **乾電池** 数字が大きいと、すぐなくなります。数字が小さい方が長持ちします。

〈直並列回路〉

これは、直列と並列が合体した直並列回路と呼ばれる、ちょっと特殊な例です。

この単元に今まで苦手意識があった人は、このパターンの数字は覚えてしまってよいでしょう。

左側にある豆電球1つのところの電流が一番強くなっています。

配線図　　　　　　　　　　　　　　回路図

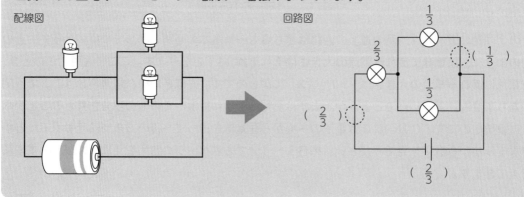

1 次のア～オの回路図について、あとの問いに答えなさい。

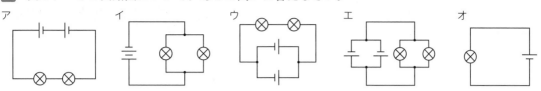

(1) 回路図ア～エで、オの豆電球と同じ明るさの豆電球があります。あてはまる回路図をすべて選び、記号で答えなさい。

(2) 回路図ア～オで、最も明るくついている豆電球はどれですか。1つ選び、記号で答えなさい。

(3) 回路図ア～オで、乾電池が最も長持ちするのはどれですか。1つ選び、記号で答えなさい。

2 右の配線図について、次の問いに答えなさい。

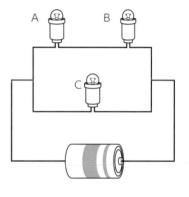

(1) 最も明るい豆電球はどれですか。A～Cの記号で答えなさい。ただしすべて同じときはDと答えなさい。

(2) Bの豆電球をソケットからはずすと、A、Cの明るさはどうなりますか。次から選び、それぞれ記号で答えなさい。
　ア　前と同じ明るさになる　　イ　前より暗くなる
　ウ　前より明るくなる　　エ　消える

(3) Cの豆電球をソケットからはずすとA、Bの豆電球の明るさはどうなりますか。次から選び、それぞれ記号で答えなさい。
　ア　前と同じ明るさになる　　イ　前より暗くなる
　ウ　前より明るくなる　　エ　消える

3 右の配線図について、次の問いに答えなさい。

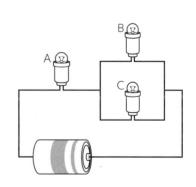

(1) 最も明るい豆電球はどれですか。A～Cの記号で答えなさい。ただし、すべて同じときはDと答えなさい。

(2) Cの豆電球をソケットからはずすとA、Bの豆電球はどうなりますか。次から選び、それぞれ記号で答えなさい。
　ア　前と同じ明るさになる　　イ　前より暗くなる
　ウ　前より明るくなる　　エ　消える

長さや太さに関係あるの？ 抵抗？ 発熱??
―電流と発熱―

- 難しいイメージが強すぎて、普通にできるものも拒否反応が出てしまう。
- 抵抗がどのようなものか理解できず、発熱のイメージができていない。

例えばこんな場面で

次の①～③の文が正しくなるように（　）からふさわしいものを選び、記号で答えなさい。
また、表の　1　～　24　にあてはまるものをA～Cから選び、記号で答えなさい。

① 電熱線は電気が（ア…通りやすい、イ…通りにくい）ため、発熱して高温度になる。
② 電熱線の電気抵抗は、長さに（ア…比例、イ…反比例）する。
③ 電熱線の電気抵抗は、断面積に（ア…比例、イ…反比例）する。

> えーっと…こんなの
> やったっけ？
> 記憶にないなぁ。

		電熱線	電気抵抗	発熱量
直列	図1	長さが A<B<C （太さは同じ）	1 < 2 < 3	4 < 5 < 6
	図2	太さが A<B<C （長さは同じ）	7 < 8 < 9	10 < 11 < 12
並列	図3	長さが A<B<C （太さは同じ）	13 < 14 < 15	16 < 17 < 18
	図4	太さが A<B<C （長さは同じ）	19 < 20 < 21	22 < 23 < 24

📖 つまずき解消ポイント

☑ 難しそうに見える問題は、落ち着いてよく確認しましょう！
　よく見れば、図3と図4は枝分かれしています。並列つなぎの図ですね。

☑ 「抵抗」が大きいと、電流は流れにくくなります！
　「乾電池の＋極から－極へと、電流が抵抗を通らずに流れること」をショートといいましたね。

☑ 豆電球は光るので「明るさ」、電熱線は熱を出すので「発熱」の問題が出ます！
　どちらも電流がどのくらい流れているのかに関わってきます。

解き方

①イ　②ア　③イ

1	A	<	2	B	<	3	C		4	A	<	5	B	<	6	C
7	C	<	8	B	<	9	A		10	C	<	11	B	<	12	A
13	A	<	14	B	<	15	C		16	C	<	17	B	<	18	A
19	C	<	20	B	<	21	A		22	A	<	23	B	<	24	C

まずは「抵抗」という言葉について説明します。**抵抗とは「電流の流れにくさ」のこと**です。この数字が大きいほど電流は流れにくいのです。少し考えてみてください。例えば、土管の中を通りぬけるとしたときに、どんな土管だと通りぬけにくいでしょう。次の選択肢の中から2つ選んでください。

1 長い土管、2 短い土管、3 太い土管、4 細い土管

想像できますか。もちろん答えは、「1」と「4」ですよね。電熱線の抵抗を考えていくうえで非常に大切になるので、このイメージをしっかりとつかんでおいてください。ちなみにこのイメージができれば、②ア、③イは簡単ですね。長い方が通りにくい（抵抗が大きい）、太い方が通りやすい（抵抗が小さい）ことになりますね。

電熱線の長さと抵抗は比例します。

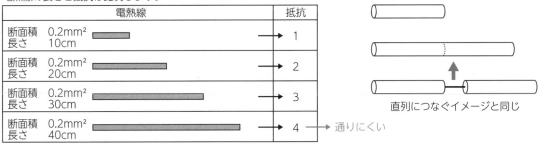

電熱線の断面積と抵抗は反比例します。

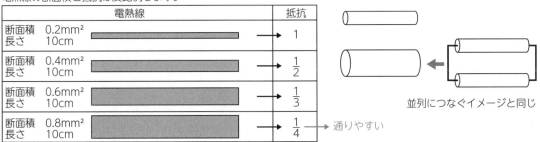

次に発熱量についてです。

● 並列つなぎのとき

たくさん流れる → その分、熱くなる。 抵抗が小さい方が発熱量が大きい。

豆電球が並列つなぎのときの明るさの考え方を思い出してください。並列つなぎのときは手でかくして、1つずつの道について考えるのでした。その場合、抵抗の小さい方が電流がたくさん流れて明るく光りましたね。それをイメージできれば大丈夫そうですね。

- <u>直列</u>つなぎのとき

電流はどこでも同じ → 流すの大変 → その分熱くなる。 抵抗が <u>大きい</u> 方が発熱量が <u>大きい</u>。

直列つなぎのとき、流れる電流はどこでも同じ大きさでしたね。これは電池の数には関係なく、豆電球の方から考えて出した数字と同じものでした。それでは発熱量はどのように考えていけばよいのでしょうか。ここで少し考えてほしいのは、例えば豆電球と導線はどちらの方が明るく光るかということです。これはもちろん豆電球ですよね。というよりも、導線は光りません。豆電球のフィラメントがなぜ光るのかというと、抵抗の大きなタングステンという金属を使っているからです。導線は、材料に抵抗がほとんどないため、ほぼ光りません。ただしショートすると大量の電流が流れ発熱すると考えることもできます。

ちなみに、抵抗がない道があった場合、電流はすべてその道を通ります。抵抗を通らずに流れることを**ショート**といいましたね。たくさん電流が一気に流れるので、つないだ線や電池が高温になり、とても危険です。

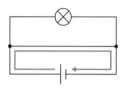

📄 **得意にするための１歩**

〈ここに注目〉 ※発熱量が大きくなる。

- 並列つなぎ → まず<u>電流がたくさん流れるかどうか</u>（**抵抗が小さいこと**）を確認。

- 直列つなぎ → 電流はどこでも同じなので、**抵抗が大きいこと**を確認。

〈発熱量の計算〉

上の内容をきちんと説明すると、発熱量は以下の式で求めることができます。

> 発熱量＝電流×電流×抵抗

覚え方の例「でん　でん　ていこう　はつねつりょう〜♪」「<ruby>流<rt>りゅう</rt></ruby><ruby>流<rt>りゅう</rt></ruby><ruby>抵<rt>てい</rt></ruby>」

- 並列つなぎ

「A」の中に入っている電熱線と「B」の中に入っている電熱線の**抵抗の比**は長さに注目すると**1：2**ですね。抵抗（通りにくさ）の比が1：2ということは流れる**電流の比は逆比の2：1**ですね。電熱線の発熱量の比は、電流×電流×抵抗で求めることができるので、2つの発熱量の比は、2×2×1：1×1×2＝4：2＝2：1と計算できます。

- 直列つなぎ

右のような回路を準備したときの発熱量を考えてみましょう。

「C」の中に入っている電熱線と「D」の中に入っている電熱線の**抵抗の比**は長さに注目すると**1：2**ですね。次に電流についてですが、ここで注意!! 直列つなぎのとき、電流はどこでも同じ分だけ流れています。

つまり**電流の比は1：1**ということですね。電熱線の発熱量の比は、電流×電流×抵抗で求めることができるので、2つの発熱量の比は、1×1×1：1×1×2＝1：2と計算できます。

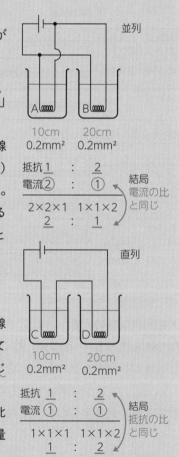

☞ 答えは別冊21ページ

1 右のような回路を準備し、「ア」・「イ」には20℃の水を入れました。1分後にはアの水温が24℃になっていました。次の問いに答えなさい。ただし、水は電熱線から出る熱のみで変化するものとします。

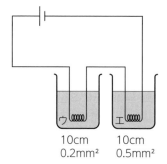

10cm 0.2mm²　　10cm 0.5mm²

(1) 3分後には「ア」の水温は何℃になっていますか。

(2) 1分後には「イ」の水温は何℃になっていますか。

(3) 「ア」と「イ」の水温の差が18℃になるのは何分後ですか。

2 右のような回路を準備し、「ウ」・「エ」には20℃の水を入れました。1分後にはウの水温が25℃になっていました。次の問いに答えなさい。ただし、水は電熱線から出る熱のみで変化するものとします。

10cm 0.2mm²　　10cm 0.5mm²

(1) 3分後には「ウ」の水温は何℃になっていますか。

(2) 1分後には「エ」の水温は何℃になっていますか。

(3) 「ウ」と「エ」の水温の差が15℃になるのは何分後ですか。

3 下の表のように、長さや太さのちがうニクロム線ア、イ、ウがあります。これらを使って図1・図2のような回路をつくり、それぞれ10分間電流を流しました。ただし、ビーカーの中の水はすべて同じ量です。これについて、あとの問いに答えなさい。

ニクロム線の種類

ニクロム線	ア	イ	ウ
長さ（cm）	10	10	20
断面積（mm²）	0.2	0.4	0.2

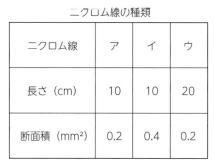

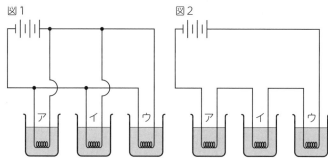

(1) 図1のとき、アとイとウの発熱量の比を最も簡単な整数比で表しなさい。

(2) 図2のとき、アとイとウの発熱量の比を最も簡単な整数比で表しなさい。

4 下図のようにして、断面積の等しい電熱線A〜Cに電流を流しました。一定時間内のA〜Cの発熱量の比を答えなさい。

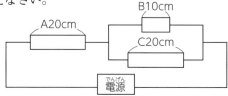

A20cm　B10cm　C20cm　電源

第4章 物理

8 電流? 方位磁針(じしん)? イメージが難しい(むずか)……
―電流と磁力(じりょく)・電磁石(でんじしゃく)―

- 方位磁針やコイルの巻(ま)き数ばかり見て、流れる電流の大きさや向きに注目していない。
- 電流が流れると、そのそばにある方位磁針がどのように動くか知らない。

例えばこんな場面で

磁力と電磁石について、あとの問いに答えなさい。

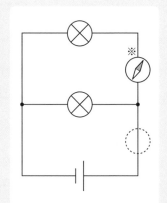

(1) 右の回路図で、⭕の部分の方位磁針はどのようにふれますか。下の選択肢(せんたくし)から答えなさい。なお、電流が流れる前の方位磁針はN極(色が付いている部分)が上を向いており、右図の※の方位磁針は、下のアのようにふれていたものとします。また、⭕の部分の方位磁針は導線の下にあるものとします。

(2) 次の図のア〜クは同じ長さのエナメル線を同じ太さの円とうの紙に巻(かん)きつけて、コイルをつくり、スイッチと乾電池(かんでんち)を導線でつないだものです。

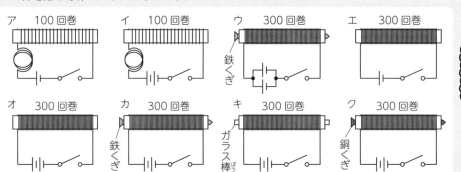

① スイッチを入れたとき、ア〜クの中で、磁力がもっとも強いものを記号で答えなさい。
② スイッチを入れたとき、ア〜クの中で、磁力がもっとも弱いものを記号で答えなさい。

たくさんある…
もしかして
難しいのかな。

📖 つまずき解消ポイント

☑️ **電流が流れると、磁界が発生します!**

磁石の力がはたらくので、そばにある方位磁針が動くのです。

☑️ **流れる電流の大きさや向きは大切です!**

電流の大きさは豆電球の方から考えましたね。向きは電池の＋極から−極の方向です。

☑️ **図に書きこむことを忘(わす)れずに!**

少し書くくらい、そんなに時間はかかりません。書けば気づくことも出てきます。

解き方

　まずは磁石について確認(かくにん)します。右の図を見
てください。磁石にはN極とS極があって、反
対の極を近づけると引きつけ合い、同じ極を近
づけると反発するんでしたね。この磁力がおよ
ぶ範囲(はんい)のことを**磁界**といい、磁界の向き（磁力
線）はN極から出てS極に入っていくのでし

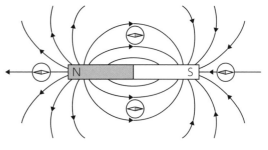

た。右の方位磁針で色のついている方はN極です。磁界の向きと同じ方向に方位磁針が向いてい
ますよね。

次に、電流と方位磁針の関係について説明します。右の図の回路の導
線の上に方位磁針を置きます。図の上が北の方向になっているものと
します。電流を流していないときは、方位磁針のN極は北の向きを指
していますね。この図の場合は上の向きということになります。ここ
にスイッチを入れて電流を流すと右下の図のように変化します。これ
は、導線に電流が流れると、磁界が発生するからなのです。そして、
この磁界の発生は、電流の流れる方向によって一定の決まりがありま
す。つまり、方位磁針のふれる方向にも一定の決まりがあるというこ
とです。そのきまりは、右手を使って考えることができます。右手で
すよ。左手を使わないでくださいね、すべて反対になってしまいます。
方位磁針は、**右手の親指**がある方向に少し動くのです。

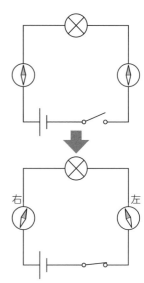

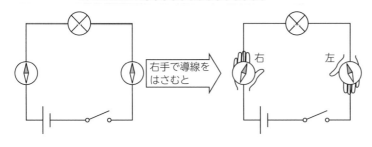

方位磁針と右手で、導線をはさみます。
手のひらを導線に当てるイメージです。

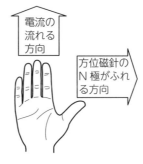

次に電磁石の説明です。
電流を流すと導線に磁力が発生しますが、導線をぐるぐる巻き
にすると、何回も何回も同じ場所を同じ向きに電流が流れるの
でより強い磁力を生むことができるということになりますよね。
そしてその部分が磁石になります。コイルの中心に鉄（軟鉄(なんてつ)）

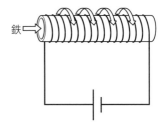

を入れるとコイルだけのときよりさらに大
きな磁力を得ることができます。

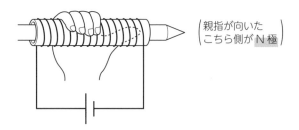

親指が向いた
こちら側がN極

このように、電気を流して磁石の状態にし、
鉄心を入れたものを**電磁石**といいます。

よく試験で問われるのが電磁石のN極・S極の向きです。これを判別するときにも右手を使います。
今回は右手の小指から人差し指までの4本の指を電流が流れている向きにします。すると電流が
ぐるぐると流れているので、手を巻きつけるような形になりますね。このときに親指が向いた方
がN極です。

(1) エ

それでは（1）から簡単に解説します。右の図を見てください。
電流の大きさを図に書きこんでいます。先ほどみたいに方位磁針
と導線を手ではさめば、方位磁針は左にふれることがわかりま
す。そこだけに意識がいってしまってはいけません。豆電球が出
てきたら数字を書くようにしてほしいです。

今回の問題では「1」と「2」のちがいがあり、「2」の方が大きくふれます。よって、イより
大きく左にふれているエになります。ただしふれ方も2倍というわけではなく比例はしないの
で、数字が大きいとふれ方も大きくなるということだけ、あわせて覚えておきましょう。

(2) ①カ ②ア

電池の数を直列に増やして電流を大きくしたり、コイルの巻き数を増やしたり、コイルの中に
鉄心を入れたりすると、コイルの磁力が強くなります。①カは「電池が直列に2個ある」「鉄
くぎがある」「300回巻き」と他よりも強い条件がそろっていますね。②アは「電池は1個」「鉄
くぎがない」「100回巻き」と他よりも弱いですね。この3つについて注目して解きましょう。

✏️ **得意にするための1歩**

〈電磁石を強くする3つの方法〉
- **流れる電流を大きくする**…電流が流れることで磁力が発生するので、電流が大きいと強
  い磁力をもつようになります。
- **コイルの巻き数を増やす**…導線を巻くことで磁力を増やしているので、巻き数が増え
  れば磁力も強くなります。
- **鉄心を太くする**…鉄心の断面積が大きくなると強い磁力をもつようになります。

〈電磁石と永久磁石のちがい〉
- 電磁石はN極とS極（磁極）を変えることができるが、永久磁石はできない。
- 電磁石は強さを変えることができるが、永久磁石はできない。

☞ 答えは別冊22ページ

1 豆電球と乾電池を用いてつくった回路の南北方向の導線の上に方位磁針を置いたところ、図1のように針がふれました。同じ豆電球2個と乾電池1個を用いて、図2・3のような回路をつくり、導線の下のA〜Eの位置に方位磁針を置くと、針のふれは図1のときと比べてどのようになりますか。次からそれぞれ選び、記号で答えなさい。

ア　図1のときと同じ向きに、同じだけふれる。

イ　図1のときと同じ向きに、図1のときより小さくふれる。

ウ　図1のときと同じ向きに、図1のときより大きくふれる。

エ　図1のときと逆の向きに、同じだけふれる。

オ　図1のときと逆の向きに、図1のときより小さくふれる。

カ　図1のときと逆の向きに、図1のときより大きくふれる。

キ　針はまったくふれない。

図1
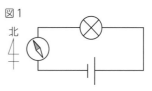

図2
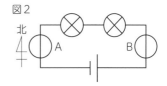

図3
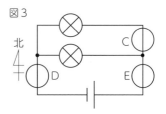

2 次の問いに答えなさい。

(1) 図1のように、コイルの電流の向きと、右手の指先の向きが一致するようににぎり、親指を他の4本に対して垂直にはなすと、親指の指す向きアは何極になりますか。

(2) 図2のように電流を流すと、イは何極になりますか。

図1
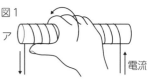

図2
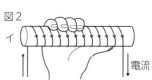

3 コイルの磁力を強くするには、次の3つの方法があります。
　　□□□□にあてはまる言葉を答えなさい。

① 　□□□□を大きくする。

② 　コイルの□□□□を多くする。

③ 　コイルに入れる□□□□を太くする。

4 図1のように鉄の棒にコイルを巻いた電磁石をつくり、そのまわりに①〜⑤の方位磁針を置きました。ただし、④・⑤の方位磁針は導線の下に置きました。スイッチを入れると、方位磁針の向きはどうなりますか。次のA〜Hより、それぞれ選び、記号で答えなさい。
ただし、方位磁針の色がついている方がN極です。

図1
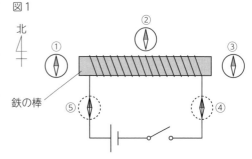

A 　B 　C 　D 　E 　F 　G 　H

第**4**章

物理

9 少し知っていれば解けるもの?
―手回し発電機・発光ダイオード―

- 結果を見て書きこんだり頭の中を整理したりすることなく、何となく解いてしまった。
- 豆電球、発光ダイオード、手回し発電機のちがいを理解していない。

> 光るなら豆電球と同じかな??

例えばこんな場面で

次の問いに答えなさい。

(1) 図1のような発光ダイオードと乾電池（かんでんち）を用いて実験を行いました。導線には電気の抵抗（ていこう）がないものとします。

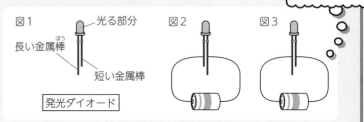

図1　光る部分／長い金属棒／短い金属棒　発光ダイオード

図2　図3

〈実験結果〉　図2では、発光ダイオードは光らなかった。電池を2個、3個と同じ向きに直列に接続しても光らなかった。図3でも発光ダイオードは光らなかったが、電池を2個、3個と同じ向きに直列に接続したら発光ダイオードは光った。

同じ発光ダイオードと電池を右の図4のように接続しました。ア〜クのなかで点灯する発光ダイオードをすべて選びなさい。

(2) 手回し発電機を使った次の実験について、後の問いに答えなさい。

① 3個の手回し発電機をそれぞれ豆電球、発光ダイオード、プロペラをつけたモーターにつないで手回し発電機のハンドルを回したら、豆電球と発光ダイオードは光り、プロペラは回転した。

② 3個の手回し発電機のハンドルをそれぞれ①とは反対の方向に回して、豆電球、発光ダイオード、プロペラがどうなるかを調べた。

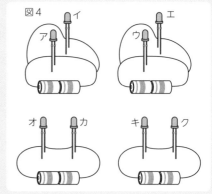

図4　ア　イ　ウ　エ　オ　カ　キ　ク

②で手回し発電機のハンドルを反対の方向に回すと、豆電球、発光ダイオード、プロペラはそれぞれどうなりますか。次のア〜オの中から1つずつ選び、その記号を書きなさい。ただし、同じ記号を何度選んでもよいものとします。

ア　光った　　イ　光らなかった　　ウ　①と同じ方向に回転した
エ　①と反対の方向に回転した　　オ　回転しなかった

📖 つまずき解消ポイント

☑ 知っていても、文章は必ずきちんと確認（かくにん）をしましょう！
　特に実験結果は大切です。ここをおろそかにするとすべてまちがえてしまいます。

☑ 文章で出てきた情報は図に書きこんで整理しましょう！
　「光った、光らなかった」などの情報を見逃（みのが）してしまうと問題は解けません。

☑ 豆電球、発光ダイオード、手回し発電機はちがいます！
　特に電流の向きに注意です。「消える」「変わらない」などに関係があります。

解き方

発光ダイオードは、電気の流れる向きで電気を通すか通さないかが決まります。

発光ダイオードには2本の足があって長さがちがいます。長い方が＋極で、短い方が－極です。発光ダイオードの＋極を電源の＋極に、発光ダイオードの－極を電源の－極につなぐと電流が流れて光るようになっています。右下の回路図を見てください。

発光ダイオードを光らせるための電流の流し方が一方通行になっているのがイメージできるんじゃないでしょうか。＋極から－極へ向けて電流が流れたときにだけ発光するのです。

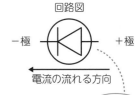

回路図

－極 ＋極

電流の流れる方向

矢印と同じ！

ここが豆電球との大きなちがいです。乾電池を使った直流の回路では、乾電池の向きやプラグをつなぐ場所を反対にすると、豆電球ならば発光しますが、発光ダイオードだと電流が流れず発光しません。

これは大きな特徴だからしっかり覚えてほしいです。また、発光ダイオードは豆電球に比べ、熱を発生させにくいです。だから、無駄な電気を使わずにすむという利点もあります。

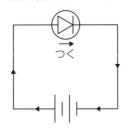

つく

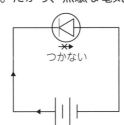

つかない

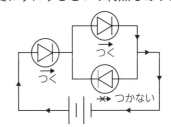

つく

つく

つかない

なお、発光ダイオードには、赤・緑・青・白などの色があり、色によって異なるけれど、一定以上の電圧をかけないと光らない、という特徴もあります（電源に直接つなぐと電流が流れすぎてこわれるおそれがあるので、回路内に抵抗を入れる必要があります。）

(1) ア・イ・ウ

それでは（1）の問題を説明していきましょう。上記内容については、知らなくても実験結果をきちんと読めば、そこに書いてありましたね。右の図3で光らないのは、電池が足りず一定以上の電圧をかけられなかったんですね。

そのあと2個以上直列に接続したら光ったので、それに気づけたかどうかです。

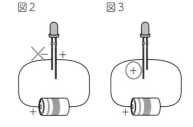

図2　図3

ここで意識するのは2つ。＋極－極の向きと流れる電流の大きさです。オ～クは、もし豆電球なら流れる電流はすべて「1」ですよね。

「2」以上ないと光らない、というのが今回の問題ですので、オ～クは向きに関係なく点灯しないことになりますね。あとは「エ」については向きが逆ですね。よって、ア・イ・ウの3つのみ光ります。以上をまとめた、次ページの図4を確認しましょう。

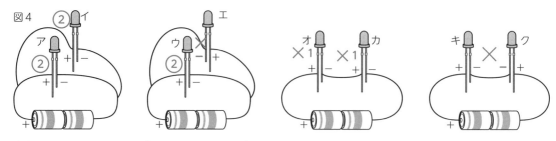

図4

(2) 豆電球：ア　発光ダイオード：イ　プロペラ：エ

　手回し発電機は、ハンドルを回転させてモーターを回すことで電気を発生させています。そして、それを回路に流しているのです。そのため、回し方が大切です。次を確認しましょう。

• ハンドルを時計回り（順回転）にしても、反時計回り（逆回転）にしても発電できます。ただし、回す向きを逆にすると回路に流れる電流の向きは反対になります。

• 豆電球は乾電池の＋極と−極を逆にしても光りますね。だからハンドルをどちらに回しても豆電球は光ります。ハンドルを速く回すとたくさん電気がつくられるので、より明るく光ります。

• 発光ダイオードを光らせるための電流の流し方は一方通行でしたね。発光ダイオードにつなぎ、ハンドルを時計回りに回して光ったならば、ハンドルを反時計回りに回すと光らなくなります。ただし、このとき発光ダイオードへのつなぎ方を逆にすると反時計回りでも発光ダイオードは光ります。

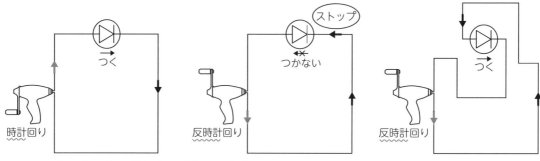

• モーターをつないだとき、どちらの方向に回してもモーターは回ります。ただし、回す向きを逆にすると回転方向は逆になります。

✎ **得意にするための1歩**

〈LED電球〉

　LED電球のDとはダイオードの略です。つまり、内部に発光ダイオードをいくつか並べて、発光させている電球のことですね。タングステンでできたフィラメントと比べると耐久性が高く、長持ちします。また、発熱に電気エネルギーがあまり使われない分、消費電力が少なくてすみます。長期的にみると省エネになるといわれ、近頃では一般家庭にもずいぶん普及していますね。自転車のライトにも使われています。公共の場では、信号、駅の行先・発車時刻案内板、電車の前照灯にも使われています。

　ただ、公共の場の信号にLED電球が使われるのは、省エネルギーの点からは良いのですが、都合の悪いことも起こります。LED電球はあまり発熱しないので、たとえば雪国では信号に積もった雪がとけず、肝心の信号が見えなくなるということも起こってしまうのです。

1 発光ダイオード、モーター、乾電池、リード線を使って回路1〜12をつくり、発光ダイオードの光り方とモーターの回り方を調べて表にまとめました。表の①〜⑦には何が記入されていましたか。下のア〜カの中から選びなさい。

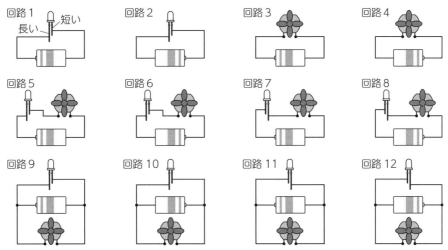

〈実験結果〉

回路	発光ダイオードの光り方とモーターの回り方
1	発光ダイオードは光った。
2	発光ダイオードは光らなかった。
3	モーターは右回り（時計回り）に回転した。
4	モーターは左回り（反時計回り）に回転した。
5	発光ダイオードは光り、モーターは右回りに回転した。
6	①
7	②
8	③
9	④
10	⑤
11	⑥
12	⑦

〈発光ダイオードの光り方とモーターの回り方〉

ア　発光ダイオードは光らず、モーターは回転しなかった。

イ　発光ダイオードは光らず、モーターは右回りに回転した。

ウ　発光ダイオードは光らず、モーターは左回りに回転した。

エ　発光ダイオードは光り、モーターは回転しなかった。

オ　発光ダイオードは光り、モーターは右回りに回転した。

カ　発光ダイオードは光り、モーターは左回りに回転した。

10 表のどこを見るべきかわからない……
―ふりこ・物体の運動―

- 表の中で注目するポイントを見つけられず、となり同士を比べてしまう。
- 1往復する時間におもりの重さは関係がないことを知らないで気にしてしまう。

例えばこんな場面で

ふりこについて、あとの問いに答えなさい。ただし、糸は軽く、のびないものとします。

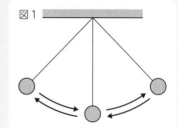

図1

実験1
図1のように100gのおもりを用いてふりこが1往復する時間を調べました。この実験を糸の長さを変えながら行ったところ、表1のような結果になりました。

表1

糸の長さ(cm)	20	40	60	80	100	120	140	160	180
1往復する時間(秒)	0.9	1.3	1.6	1.8	2.0	2.2	2.4	2.6	2.7

(1) おもりの重さを200g、糸の長さを100cmにしたときのふりこが1往復する時間は何秒ですか。

(2) 糸の長さが320cmのとき、ふりこが1往復する時間は何秒ですか。

(3) ふりこが1往復する時間が3.9秒のときの糸の長さは何cmと考えられますか。

表があるけど、数字が細かい気がするな…。

実験2
図2のように、天井から60cmの位置にくぎをさし、おもりを100g、糸の長さを140cmにし、ふりこが1往復する時間を調べました。

(4) おもりがAからBに移動するまでの時間は何秒ですか。

(5) おもりが1往復する時間は何秒ですか。

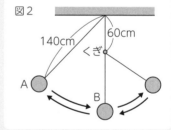

図2

📖 つまずき解消ポイント

✅ **ふりこの表で注目するポイントは決まっています！**
片方が2倍、3倍…、もう片方が4倍、9倍…となっているところです。

✅ **ふりこは「速さも向きも変わる運動」です！**
一番低い位置では一番速く、左右の端では一瞬速さが0になります。

✅ **1往復する時間は「ふりこの長さ」に関係があります！**
1往復するのにかかる時間のことを周期といい、重さには関係ありません。

解き方

本来は右図のように「ふりこの長さ」といいますが、この問題のように「糸の長さ」や「ひもの長さ」という入試問題もあります。厳密にいえば重心までの長さを表している「ふりこの長さ」で覚えてほしいのですが、今後はどちらでも反応できるようにしておきましょう。

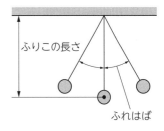

ふりこの長さ

ふれはば

(1) 1往復する時間（周期）におもりの重さは関係ありません。

　ここでは糸の長さに注目しましょう。100cmになっているところを探せばよいので、答えは<u>2.0秒</u>。

(2) 下段の1往復する時間が**2倍**、**3倍**となっているところの上段（糸の長さ）を見ると、**4倍**、**9倍**となっていますね。ここが注目するポイントで、こういう部分を見つけていくことが大切です。下の表1の通りに計算をして、答えは**3.6秒**。

表1

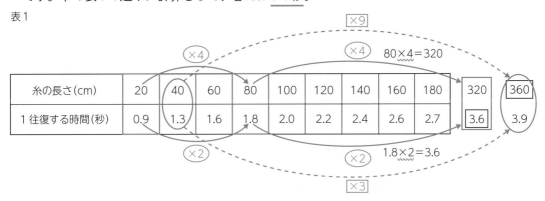

糸の長さ(cm)	20	40	60	80	100	120	140	160	180	320	360
1往復する時間(秒)	0.9	1.3	1.6	1.8	2.0	2.2	2.4	2.6	2.7	3.6	3.9

(3)（2）と同様に2倍、3倍・・・となっているところがないか探していきましょう。

　すると、1.3×3＝3.9なので、40×9＝<u>360cm</u>となります。

(4) 糸の長さ140cmは1往復するのに2.4秒かかることが表からわかります。

　AからBは全体の$\frac{1}{4}$なので、$2.4 \times \frac{1}{4} = $<u>0.6秒</u>となります。

(5) 図2

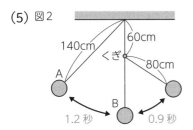

140cm　60cm
くぎ
80cm
A
B
1.2秒　0.9秒

上の図のように、左側140cmのふりこ（周期2.4秒）と右側80cmのふりこ（周期1.8秒）を考えればよさそうですね。1往復ではなくその半分なので$\frac{1}{2}$ずつ計算しましょう。よって、

$2.4 \times \frac{1}{2} + 1.8 \times \frac{1}{2} = 1.2 + 0.9 = $<u>2.1秒</u>となります。

〈ふりこが途中で切れてしまった場合〉

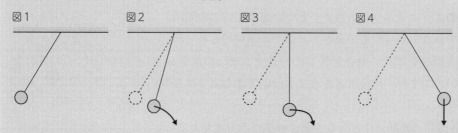

図1　図2　図3　図4

　まず図1のようにふりこのおもりを持ち上げ、手を離します。もし、図2の位置でふりこの糸が切れてしまったとしましょう。するとおもりはもともと右下に移動をしていたのだから、右下におもりを投げたように進んでいこうとしますが、重力がはたらくので徐々に曲がっていきます。同じように図3も考えてみましょう。図3は一番下にきたときの図です。さっきと同じように考えると真横に動こうとしていますね。真横に行こうとするのだけど重力がはたらくので徐々に曲がっていきます。図4は一番高いところにきたときの図です。一番高いところまできて折り返す瞬間だから、このときおもりは止まっています。速さが0となります。だから、重力によって真下に落ちていくこともあわせて理解しましょう。

〈ぶつかる力〉

次にぶつかる力（衝撃）についてですが、簡単にいうと、どんなものがぶつかったら遠くまでふっ飛ばされますかということです。

① 　重いものがぶつかると衝撃が大きいです。これは大丈夫ですね。

② 　おもりを高いところに持っていって手を離すと衝撃が大きいです。これは速くなるからです。

球

〈物体の飛び出し〉

今度はぶつかりません。飛び出しです。

• ボールを高いところ（A）から転がすのと、少し低いところ（B）から転がすでは、高いところ（A）から転がしたボールの方が遠くに飛びます。

A
B

　なぜかというと、高いところ（A）から転がしたボールの方が飛び出すときの速さが速いからです。じゃあ、同じ高さでおもりの重さを重くしたり軽くしたらどうでしょうか。これは飛ぶ距離は変わりません。なぜかというと速さが変わるわけではないからです。

• 右の図のように、地面からの高さは同じだけれど、斜面が急なのとゆるやかなのではどちらが遠くまで飛ぶのでしょうか。実は、斜面が急だろうとゆるやかだろうと、高さが同じならば速さは変わらないので、飛ぶ距離は、同じなんです。

• ふりこは、ふりこの長さを変えると、周期（時間）が変わる。

• ものをぶつける場合は、**重いもの、速いもの**がぶつかると衝撃が大きい。
　その際の**速さ**は、**高さ**に関係する。

• ボールが飛ぶ距離は、**速さ**に関係する。

---

1 ふりこのおもりの重さと糸の長さを変えて、ふりこが1往復するのにかかる
時間を調べるために次の実験Ⅰ、Ⅱを行いました。右図のように、ふりこの
ふれはばは常に20°になるようにして実験したものとします。
これについて、あとの問いに答えなさい。

【実験Ⅰ】長さ50cmの糸とおもりを使ってふりこをつくり、おもりの重さ
だけを変えて1往復する時間を調べ、その結果を表Ⅰにまとめた。

[表Ⅰ]

おもりの重さ(g)	40	80	120	160
往復時間(秒)	1.4	ア	1.4	1.4

【実験Ⅱ】重さ100gのおもりと糸を使ってふりこをつくり、糸の長さだけを変えて1往復す
る時間を調べ、その結果を表Ⅱにまとめた。

[表Ⅱ]

糸の長さ(cm)	10	40	80	160	250
往復時間(秒)	1.2	イ	3.4	4.8	6.0

(1) [表Ⅰ]のアに入る数値を答えなさい。

(2) 【実験Ⅰ】からわかることについて、次の文の中から正しいものを1つ選びなさい。

　① ふりこが1往復する時間は、おもりの重さに比例する。

　② ふりこが1往復する時間は、おもりの重さに反比例する。

　③ ふりこが1往復する時間は、おもりの重さによらず一定である。

　④ ふりこが1往復する時間をA倍にするには、おもりの重さをA×A倍にすればよい。

(3) 【実験Ⅱ】で、糸の長さを16倍にするとふりこが1往復する時間は何倍になりますか。

(4) 【実験Ⅱ】で、ふりこが1往復する時間を5倍にするには糸の長さを何倍にすればよいですか。

(5) 【実験Ⅱ】からわかることについて、次の文の中から正しいものを1つ選びなさい。

　① ふりこが1往復する時間は、糸の長さに比例する。

　② ふりこが1往復する時間は、糸の長さに反比例する。

　③ ふりこが1往復する時間は、糸の長さによらず一定である。

　④ ふりこが1往復する時間をA倍にするには、糸の長さをA×A倍にすればよい。

(6) [表Ⅱ]のイに入る数値を答えなさい。

2 右の図1のような装置をつくって、斜面から小球を静かに転
がしました。そして、水平な板の上に置いた物体に当てると、
物体はある距離を動いて静止しました。小球の重さを変え、
さらに小球を転がし始める高さも変えて実験を行った結果を
まとめたグラフが図2です。次の問いに答えなさい。

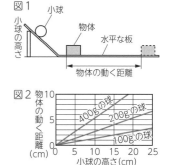

(1) 100gの小球を15cmの高さから転がすと、物体は何cm
動くか答えなさい。

(2) 100gの小球を30cmの高さから転がすと、物体は何cm
動くか答えなさい。

(3) 400gの小球を30cmの高さから転がすと、物体は何cm動くか答えなさい。

(4) 300gの小球を15cmの高さから転がすと、物体は何cm動くか答えなさい。

11 光はどう進んでいくの？
—光の直進・反射・屈折—

- どう動くかイメージするための簡単な絵を描かずに頭の中で頑張ろうとしている。
- 光の性質が理解できていない。

例えばこんな場面で

AとBの2つの箱を重ね、装置をつくりました。Aには小さな穴があいており、Bにはスクリーンが取りつけてあります。このような装置をピンホールカメラといいます。図のようにBをのぞき込むとスクリーンに像が映し出され、スクリーン上で物体を見ることができます。

図の実線と点線は像の映り方を表したものです。

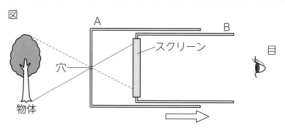

(1) スクリーンに映し出される像の向きはどのように見えますか。
正しいものをア～エから1つ選び、記号で答えなさい。
　ア　上下のみ反対の像　　イ　左右のみ反対の像
　ウ　上下左右反対の像　　エ　物体と向きは変わらない

光の単元で
こんな問題あったっけ??

(2) Aはそのままで、Bのみを矢印の方向へ動かすと、スクリーンに映し出される像の大きさはどのようになりますか。正しいものをア～ウから1つ選び、記号で答えなさい。
　ア　大きくなる　　イ　小さくなる　　ウ　変わらない

(3) (2) のとき、スクリーンに映し出される像の明るさはどのようになりますか。
正しいものをア～ウから1つ選び、記号で答えなさい。
　ア　明るくなる　　イ　暗くなる　　ウ　変わらない

(4) Aの穴を大きくしました。スクリーンに映し出される像はどのようになりますか。

📖 つまずき解消ポイント

☑️ **光はまっすぐ進みます！**
　光が直進しているから、光の当たっていないところに影（かげ）ができるのです。

☑️ **光の性質は、直進・反射・屈折です！**
　まずは直進・反射・屈折の3つを理解しましょう。

☑️ **イメージするために簡単にでも絵を書いてみましょう！**
　うまく書く必要はありません。少しでも書くことによって、気づく可能性が広がります。

解き方

(1) ウ　(2) ア　(3) イ　(4) 明るくなり、像がぼやける。

〈光の直線〉

　右図で考えてみましょう。ろうそくの炎（ほのお）から出てきた光は、もちろんいろいろな方向へと向かっていくはずですよね。けれど、ピンホールカメラの小さな穴を通る光は、下の

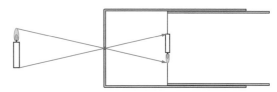

図のような光だけですよね。そうすると、ろうそくの上の先から出た光はスクリーンの下の方に、ろうそくの下のはしから出た光はスクリーンの上の方に向かっていくのです。だから、スクリーンにろうそくが映って見えるんです。

ピンホールカメラを通してろうそくを見ると、**上下左右がさかさま**になっています。このように上下左右さかさまになって見える像のことを倒立実像（とうりつじつぞう）といいます。

では、ここで、考えてほしいことがあります。スクリーンを移動させると、スクリーンに映っているろうそくの像はどうなるか、です。スクリーンを動かすと、像がどのように

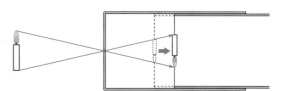

変化するのか考えてみましょう。スクリーンを図の右側に移動させると、さっきよりも**像が大きくなった**ことがわかりますか。でも、像が大きくなっただけではなくて、他にも変わったところがあります。像が大きくなるということは、ろうそくから出てきた光が広い場所に広がっているということでもあるので、**像はさっきよりも暗くなっている**のです。

また、もしもピンホールカメラの穴を大きくしたらどうなるか。光が多く入るので、**明るくなり、像はぼやけてしまう**のです。例えば、先端（せんたん）の部分から出た光がどのように進むかを下の図に表してみました。広い範囲（はんい）に光が散らばっているから像がぼやけてしまうんですね。

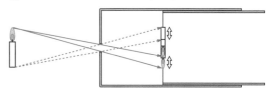

〈光の三原色〉

赤・緑・青　※3つ集まると光は白く見える。

〈光の性質〉

- **直進**…まっすぐ進むこと
- **反射**…はね返ること
- **屈折**…ちがうもの（空気中から水の中など）に光が入ると折れ曲がること

〈反射の法則〉

入射角＝反射角

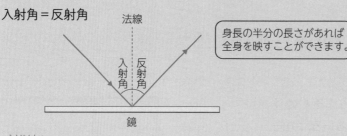

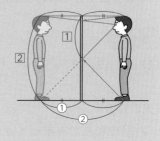

身長の半分の長さがあれば全身を映すことができます。

〈乱反射〉

表面をクシャクシャにしたアルミホイルや波のある海面のようにでこぼこしているものなどで反射をしたらどうなるでしょう？右の図のように光は入射角と反射角が等しくなるように反射するから、いろいろな方向に反射しますね。このような反射の仕方を**乱反射**といいます。

〈光の屈折〉

光には、2つのちがう物質を移動するときに、境界面で折れ曲がるという性質があります。

プールの底が浅く見えるのは、水の中を通ってきた光が、空気中に出てくるときに、その境界面で折れ曲がっているからなんです。だから、お箸の先と目を結ぶ直線

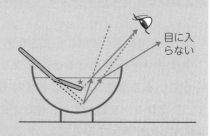

目に入らない

上を進んできた光は、水と空気の境界面で折れ曲がってしまって、直接目に入らないのです。ということは、目に入る光はちがう道を通ってくるはずですね。右上の図の太い線が実際に目に入る光の道すじになっています。このとき★から光がくるように見えるので、お箸が曲がって見えるのです。

〈空気中からガラス、ガラスから空気中に進む、主な光の進み方〉

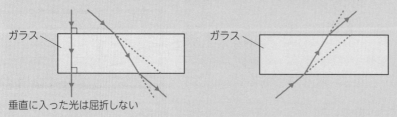

ガラス　　ガラス

垂直に入った光は屈折しない

答えは別冊23ページ

1 右の図のように外箱に針穴をあけ、内箱の底を
切り取ってパラフィン紙（半とう明な紙）をは
りつけました。外箱の前に物体を置き、図の右
側から内箱をのぞくと、パラフィン紙に物体の
像が映りました。ピンホールカメラは、このよ

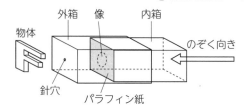

うなしくみで像を映します。内箱は自由に動かすことができ、内箱の位置を変えると、物体
の像のようすも変化しました。

(1) 物体の像はどのように見えますか。次のア〜エから1つ選び、記号で答えなさい。

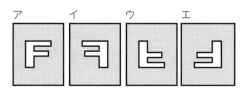

(2) 内箱を引き、パラフィン紙を針穴から遠ざけると、物体の像の大きさと明るさはどうな
りますか。次のア〜オから1つ選び、記号で答えなさい。ただし、像の明るさは、同じ
面積あたりに受ける光の量とします。
　　ア　大きく、明るくなる。　　　イ　大きく、暗くなる。　　　ウ　小さく、明るくなる。
　　エ　小さく、暗くなる。　　　　オ　大きさも明るさも変わらない。

2 図のように鏡のある部屋にA〜Eの5人がいます。これについてあとの問いに答えなさい。
ただし、図中のマスは同じ大きさであるものとします。

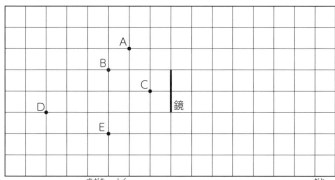

(1) A〜Eのうち、自分自身の姿も含めて全員が鏡に映って見えるのは誰ですか。
　　A〜Eから1人選び、記号で答えなさい。
(2) 自分の姿を鏡に映すことができるのは、A〜Eのうち誰ですか。A〜Eから3つ選び、
　　記号で答えなさい。
(3) Aが鏡を通して見ることができるのは誰ですか。A〜Eからすべて選び記号で答えなさ
　　い。
(4) Eが鏡を通してDの姿を確認するためには、Dは最低でもどれだけマス目にそって移動
　　しなければならないですか。「○マス分」という形で答えなさい。ただし、体の一部が
　　映ればよいものとします。

像のでき方って、何種類?
―とつレンズ―

- 物体を「焦点距離の2倍」の位置に置いたときが、特に重要だということとを知らない。
- とつレンズを通った光がそのあとどのように進むのか理解できていない。

例えばこんな場面で

とつレンズがつくる像について、次の問いに答えなさい。

(1) とつレンズと物体(火のついたロウソク)、スクリーンを一直線上に並べ、とつレンズを固定した。さらにとつレンズの両側にある焦点の位置をA・B、とつレンズから焦点距離の2倍の位置をC・Dとした。また、物体の位置を変えて、そのときに物体の像がはっきり映る位置にスクリーンを動かし、物体の位置とスクリーンの位置およびスクリーン上の像の大きさの関係について調べた。

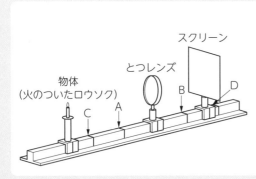

物体の位置	スクリーンの位置	像の大きさ
Cよりも外側	Dよりも内側でBよりも外側	実際の物体よりも小さい
C	D	実際の物体と同じ
Cよりも内側でAよりも外側	Dよりも外側	実際の物体よりも大きい
Aよりも内側	スクリーンをどこに置いても像が映らない	像が映らないのではかれない

スクリーンにはっきり映る像の大きさが、実際の物体の大きさと同じとき、物体とスクリーンの間の距離は32cmであった。このとつレンズの焦点距離は何cmですか。

あれっ、数字が出てきているけど計算するところあるの?

(2) 次の①〜⑤のようにレンズと物の位置を変えたとき、像のできる位置と像の大きさはどのようになりますか。ア〜オより1つずつ選び、それぞれ記号で答えなさい。
① 物がずいぶん遠くにあるとき。
② 物が焦点距離の2倍のところにあるとき。
③ 物が焦点距離の2倍と焦点の間にあるとき。
④ 物が焦点の上にあるとき。
⑤ 物が焦点とレンズの間にあるとき。

> ア 像はできない。
> イ 物と同じ側に大きな正立の虚像ができる。
> ウ 焦点距離の2倍より遠くに、物よりも大きな倒立の実像ができる。
> エ 焦点距離の2倍のところに、物と同じ大きさの倒立の実像ができる。
> オ 焦点の近くに倒立の小さな実像ができる。

📖 つまずき解消ポイント

☑️ **とつレンズを通った光の進み方で理解することは、まず2つだけです！**
①平行に入った光は焦点を通る。②中心を通った光はそのまままっすぐ進む。

☑️ **物体を焦点距離の2倍の位置に置くと、反対側に同じ大きさの像ができます！**
できた像の位置も、焦点距離の2倍の位置です。「2倍」「同じ大きさ」意識しましょう。

☑️ **どこの長さを聞かれているのか、意識して解きましょう！**
どこからどこが何cmか。ひっかからないようによく見ましょう。

【解き方】

(1) 平行光線がとつレンズを通ったあとに集まる点のことを**焦点**（レンズの中心から焦点までの距離は焦点距離）といいます。ちなみに、焦点距離はレンズによってちがいます（**うすいレンズは長く、厚いレンズは短い**）。この問題では像が「同じ大きさ」になるのは「物体とスクリーン間」の距離が32cmと書いてあります。つまり、「物体ととつレンズ」の距離は16cm。同じ大きさになるのは焦点距離の2倍の位置にあるときなので、焦点距離は16÷2＝8cm となります。

(2) 光がとつレンズを通ったあとに進むようすは下の図の通りです。
※ここでは焦点を「F」、焦点距離の2倍の位置を「F2」と表すことにします。
※実像はスクリーンに映るものです。人はスクリーンに映った像を目で見ているわけです。

① 左のF2より左側に物体 ⇒ レンズを通ったあと、右のFとF2の間に倒立の実像ができる。

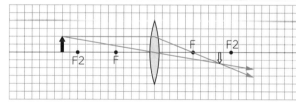

物体よりも小さい。
倒立なので、反対向き。
答えは**オ**。

② 左のF2に物体 ⇒ レンズを通ったあと、右の**F2**に倒立の実像ができる。

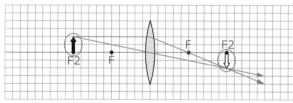

物体と同じ大きさ。
答えは**エ**。

③ 左のF2とFの間に物体 ⇒ レンズを通ったあと、右のF2より右に倒立の実像ができる。

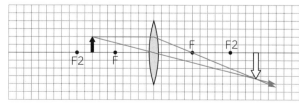

物体よりも大きい。
答えは**ウ**。

④ 左のＦに物体　⇒レンズを通った
あと、光は平行に進むため、**像はで
きない**。答えは<u>ア</u>。

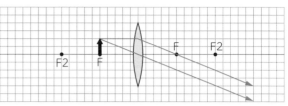

⑤ 左のＦとレンズの間に物体　⇒レン
ズを通ったあと光は広がって進むの
で、スクリーンに倒立の実像はできな
い。レンズの右側から目で見ると、レ
ンズの左側（すなわちレンズの向こう
側）に拡大された正立虚像が見える。**物体よりも大きい**。正立なので、同じ向き。答えは<u>イ</u>。

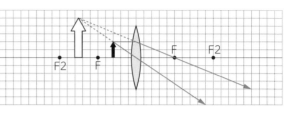

※実際にそこには物体はありませんが、大きな物体があるように見えます。これが虫めがねで見ているものです。

📖 得意にするための１歩

〈電球など点光源の作図〉　指で何度もなぞって覚えていきましょう。

①左のF2より左側に点光源→レンズを通ったあと、右のFと
　F2の間に集まる

②左のF2に点光源→レンズを通ったあと、右のF2にすべて
　集まる

③左のF2とFの間に点光源→レンズを通ったあと、右のF2
　より右側に集まる

④左のFに点光源→レンズを通ったあと、光軸に平行に進む

⑤左のFの右側に点光源→レンズを通ったあと、
　光軸から離れるように進む

〈イメージ〉

〈カチカチ動く折りたたみの定規〉

レンズが光を曲げる力は決まっている

↓

レンズが同じなら角度も同じ

※ここでも「焦点距離の２倍」に注目しましょう！焦点距離の２倍の位置から出た光は、焦点距離の２倍の位置に集まります。

※焦点から出た光は、「平行」になります。
（平行に入った光が焦点を通ることを逆から見ただけ）

1 次の点光源からの光がとつレンズを通ったあとの進み方を、下のア〜オより1つずつ選び、記号で答えなさい。

(1) 太陽の光

(2) 焦点距離の2倍のところに置いた点光源

(3) 焦点距離の2倍のところと焦点の間に置いた点光源

(4) 焦点に置いた点光源

(5) 焦点とレンズの間に置いた点光源

> ア　広がって進む。　　イ　焦点距離の2倍のところに集まる。
> ウ　焦点に集まる。　　エ　焦点距離の2倍より遠いところに集まる。
> オ　光軸に対して平行光線になる。

2 図1のように、周囲を黒い布でおおった直径8cmの虫めがね（とつレンズ）全体に、光軸に平行に光を当てると、虫めがねを通った光は点Fに集まりました。次に、点Aに十分な大きさのスクリーンを光軸に垂直に置いたところ、スクリーンには直径2cmの明るい円が映りました。虫めがねを通過したあと、光が空気中を進む間に光の量が減ることはないものとします。次の問いに答えなさい。

図1

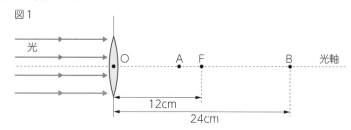

(1) 図1の点Fを何といいますか。言葉で答えなさい。

(2) 図1で○Aの距離は何cmですか。数字で答えなさい。

(3) 点Aに置いたスクリーンを点Bに移動させました。このとき、スクリーンに映る明るい円の直径は何cmですか。数字で答えなさい。

(4) 点Aに置いたスクリーンに映った明るい円と、点Bに置いたスクリーンに映った明るい円について、それらの明るさの比をもっとも簡単な整数の比で表しなさい。ただし、面の明るさは同じ面積あたりに受けた光の量で決まるものとします。

(5) 図2のように、光軸に平行な光を当てるのをやめ、虫めがねの左側12cmの点Cに豆電球を置きました。点Aにスクリーンを置いたときと、点Bにスクリーンを置いたときに映る円の明るさをもっとも簡単な整数の比で表しなさい。

図2

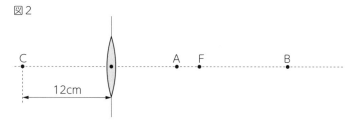

13 音? 圧力? 計算問題??
―音・圧力―

- 音の三要素について難しく考えすぎてしまっていて、問題文をきちんと見ていない。
- どのようなときに高い音がでるのかイメージできていない。

例えばこんな場面で

右の図のようなモノコードと呼ばれる装置をつくり、げんの長さ（AとBの間の長さ）、げんの太さ（直径）、げんを張るために使うおもりの重さを表のように変えて、げんをはじいたときの音の高さを調べる実験をしました。

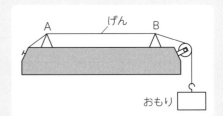

その結果、実験1〜実験3は同じ高さの音が出ました。また、実験4〜実験7も同じ高さの音が出て、その音は実験1〜実験3の音よりも高い音でした。次の各問いに答えなさい。

	げんの長さ(cm)	げんの太さ(mm)	おもりの重さ(g)
実験1	30	0.2	100
実験2	60	0.2	400
実験3	60	0.4	1600
実験4	20	0.2	400
実験5	30	0.2	900
実験6	40	0.1	400
実験7	40	0.2	1600

(1) げんの長さを変えずに、げんの太さを2倍にしたとき、もとのげんと同じ高さの音を出すには、おもりの重さを何倍にすればよいですか。数字で答えなさい。

(2) げんの長さと音の高さの関係を調べるためには、どの実験とどの実験を比べればよいですか。実験1〜実験7より2つ選び、番号で答えなさい。

(3) (2)で比べた結果を説明した文で、正しいものを次より1つ選び記号で答えなさい。
　ア　げんは長い方が、高い音が出る。　　　　イ　げんは短い方が、高い音が出る。
　ウ　げんの長さを変えても、音の高さは変わらない。

音の高さ？
表を見たら
わかるもの？？

📖 つまずき解消ポイント

☑️ **音の三要素は、大小（強弱）・高低・音色、の3つです！**

大小（強弱）・高低・音色のなかでも、特に高低を理解できるようにしましょう。

☑️ **音の高低は振動数によって決まります！**

振動数が多いと高い音が出ます。振動数はどうしたら多くなるか、ということを考えましょう。

☑️ **表に数字があっても計算があるとは限りません！**

対照実験のときは、条件を1つだけ変えればよいのでした。確認してみましょう。

解き方

（1）4倍

この問題は「実験1〜実験3は同じ高さの音」「実験4〜実験7も同じ高さの音が出て、その音は実験1〜実験3の音よりも高い音」と書いてあるので、大きく2つに分けることができますね。その中で、「げんの太さを2倍にしたとき」の話なので、同じグループ内でどれとどれを比べてあげればよいのかを探すことが大切です。「実験2と実験3」や「実験6と実験7」を比べると、おもりの重さが4倍になっていることがわかりますね。

（2）実験2と実験4

「げんの長さと音の高さの関係を調べるため」に、「げんの長さ」だけが異なる2つを探しましょう。その際に、他の条件は同じでないといけません。対照実験は、調べたい条件を1つだけ変えればよかったですよね。

（3）イ

実験2（60cm）は「実験1〜実験3」のグループ、実験4（20cm）は「実験4〜実験7」のグループですね。問題文から「実験4〜実験7の方が音が高い」ことがわかるので、短い方が高い音だとわかりますね。ちなみに、たとえば「げんを張る強さと音の高さの関係を調べるため」には「実験1と実験5」を比べればよいですね。そのときは、「げんを張る強さが強い方が、高い音が出る」ということがわかりますね。

🖊️ 得意にするための1歩

〈音の三要素〉

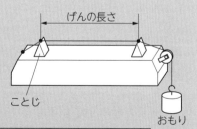

げんの長さ
ことじ
おもり

- **音色** 物や人によって出す音には特徴があり、その音の特徴のこと。
- **音の大小** 強弱ということもあります。げんをはじくときに強くはじくと大きな音が出ますね。
- **音の高低**

げんの張り方	げんの長さ	げんの太さ	結果
強い	短い	細い	振動数が多くなるので、高い音が出る。
弱い	長い	太い	振動数が少なくなるので、低い音が出る。

〈コップをたたく〉

水が入っているコップをたたく場合、コップ全体がふるえるわけですね。

よって、水が少ししか入っていないコップの方が全体は軽いわけですから、細かく振動して高い音が出ます。

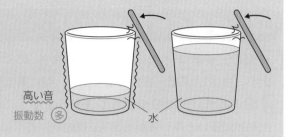

高い音
振動数 （多）

水

〈試験管をふく〉

水が入っている試験管をフーフーふく場合、まずはじめにふるえるのは中に入っている空気ですよね。水がたくさん入っている方がふるえる空気の部分が短くなりますね。

ですから、げんをはじく実験と同じように、**空気が短いほど高い音がでますね。**

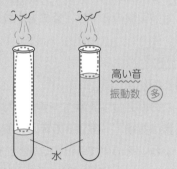

高い音
振動数 （多）

水

	高い音（振動数 （多））	低い音（振動数 （少））
コップをたたく	水の量が少ない	水の量が多い
試験管をふく	水の量が多い	水の量が少ない

〈圧力・ピストン〉

図1のように断面積が10cm²のピストンAの上に50gのおもりがのせてあり、ピストンBの上には150gのおもりがのせてあります。このとき、ピストンA、Bの高さは同じ高さでした。ただし、ピストン自体の重さは考えなくてよく、ピストンの下面には水が入っています。

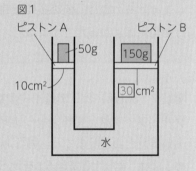

図1
ピストンA　　　ピストンB
50g
150g
10cm²
30cm²
水

① このとき、ピストンBの断面積は30cm²となります。ピストンAとピストンBの断面積にかかる力は、断面積と比例しますので、50g：150g＝1：3
10cm²×3＝**30cm²**となるのです。

② ピストンBの上のおもりだけを270gのものにかえると、ピストンBははじめの高さよりも1cm下がり、ピストンAははじめの位置より3cm上がりました。このときピストンAとピストンBの高低差は4cm（1＋3）となります。図2のように、ピストンAから

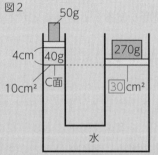

図2
50g
4cm　40g
10cm²　C面
270g
30cm²
水

4cm下の場所をC面とします。C面にはピストンAの上のおもりの重さと体積40cm³（10cm²×4cm）分の水の重さがはたらきます。水は1cm³あたり1gの重さなので、Cには90gの重さ（水40cm³の重さは40gなので50g＋40g）がはたらくことになります。圧力は重さを重さのはたらく面積でわったものなので、C面での圧力は9g/cm²（90g÷10cm²）となります。この圧力がピストンBにはたらく圧力（270g÷30cm²）と同じになります。

1 音の性質、音の三要素について、次の問いに答えなさい。

(1) モノコードをはじいて高い音が出るのは、次のどの場合ですか。3つ選び、記号で答えなさい。

ア　げんの長さが長い　　イ　げんの長さが短い　　ウ　げんの太さが太い

エ　げんの太さが細い　　オ　げんの張り方が強い　　カ　げんの張り方が弱い

(2) ペットボトルの口をふいて音を出すとき、低い音を出すにはどうすればよいですか。次から選び、記号で答えなさい。

ア　中の液体を少なくする

イ　中の液体を多くする

ウ　強くふく

エ　弱くふく

(3) コップに水を入れてたたいたとき、高い音を出すにはどうすればよいですか。次から選び、記号で答えなさい。

ア　水を多く入れる　　イ　水を少なく入れる　　ウ　強くたたく　　エ　弱くたたく

2 次の3種類の糸電話がある場合、次のア〜ウのどれが一番よく聞こえるでしょうか。記号で答えなさい。

ア　糸がたるんでいる糸電話

イ　糸がピンとはった糸電話

ウ　糸がピンとはった糸電話を水でぬらしたもの

3 下の図のような実験装置があります。

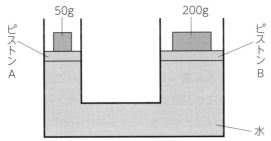

ピストンAには50g、ピストンBには200gのおもりが置かれて同じ高さになっています。
次の各問いに答えなさい。ただし、ピストンの重さはないものとして考えなさい。

(1) ピストンAの断面積は$10cm^2$です。ピストンBの断面積は何cm^2か答えなさい。

(2) ピストンAにさらに150gのおもりを置きました。同じ高さにするためには、ピストンBにさらに何gのおもりを置けばよいか答えなさい。

お子さんがつまずいた ときの声かけリスト

　例題やマスター問題が解けないときやまちがえたとき、類似の問題で手が止まっているときなど、解答解説を見る前のサポートとなる声かけをご紹介します（声かけの必要がない子は手順の確認にご使用ください）。どの作業が足りずにまちがえたのかは個々の状況によってちがいますが、最初から順番に声をかけて確認することで、つまずいたところがわかるようになっています。

　生徒が質問にきたとき、私は以下のようなやりとりをして、できていなかった部分を確認し、次は必ず意識して解くように強く伝えます。そのやりとりを何度もくり返しているうちに、類似の問題は、いずれ必ずできるようになるはずです。単元や問題の難易度によって必要な声かけの量が異なるため、今回は必要最小限のものを記載しました。声かけや手順の確認をすることによって、ハッと自分自身で気づいて手が動くようになれば、やや難問レベルの問題でつまずかなくなる日も近いです。少しでも参考になれば幸いです。

ジーニアス教務部専任講師　矢野響己

化　学

1　気体の発生の計算（グラフ）　→P6-P9

- 言葉の式は書いた？
- 基準の数値は見つけられた？→「ぴったりセット」などと呼んで家庭内で共通の言語として使用するのも効果があるかもしれません。「ぴったりセット見つけた？」など。
- グラフでカクッと曲がっているところは見た？問題文にある数値も見た？その数値を言葉の式の下に書いた？それが基準の数値だとわかるように、四角で囲んだ？
- 問題の数値は基準と比べて何倍か計算した？それを書いた？小さい方を丸で囲った？小さい方に合わせた？→「あとどれくらい加えればよいか」などの問題では大きい方に合わせてから考える必要もありますが、まずは小さい方を意識して多くの問題を解けるようにすることを優先し、それでもできないときは大きい方も考えるようにしましょう。

2　気体の発生の計算（表）　→P10-P13

- 言葉の式は書いた？
- 基準の数値は見つけられた？その数値まではきちんと比例している？比例していなかったら、その基準はちがうよ。横と比べて何倍ずつになっているか比べてみた？基準が表の中にあるとは決まっていないよ??その数値を言葉の式の下に書いた？
- 問題の数値は基準と比べて何倍か計算した？（→ このあとは「1 気体の発生の計算」と同じ内容です。）

3　気体の発生と性質　→P14-P17

- 塩酸などの液体が金属をとかしたときに発生する気体は何？→ 水素です。二酸化炭素と答える場合はP8とP16を確認しましょう。

- 塩酸に石灰石を入れて発生する気体は何？→ 二酸化炭素です。水素と答える場合はP8とP16を確認しましょう。
- 水素は水にとける？とけにくい??→ とけると思っている子が多いので特に注意が必要です。水にとけにくいので、水素は水上置換法で集めます。水の素と書きますが、とけるとけないは関係なく、燃えたときに水ができるからだとイメージしましょう。知識については、P16のまとめを再度確認してください。

4　金属の燃焼　→P18-P21

- 言葉の式は書いた？
- 完全に燃焼している？熱し方が不十分とか酸素が足りていないとか問題に書いていない？
→ 不完全燃焼の問題は少し複雑に感じるかもしれません。少しあとに記載します。
- 酸素はどれくらい増えたか計算した？その数値を式の中に書いた??それが基準だね。問題の数値は基準と比べて何倍か計算した？→ 完全燃焼の問題である場合、このあとは「1 気体の発生の計算」と同じ内容です。不完全燃焼の問題である場合は「その酸素と反応する金属はいくつ？」「それが反応した分だね。全体いくつ？」「引き算した？それ未反応ね」など続きます。P20の内容となります。

5　ろうそくの燃焼　→P22-P25

- 燃焼の3条件は覚えた？炎を3つに分けた場所の名前や特徴は？→ P23の内容です。

6　中和反応　→P26-P29

- 中和って何？→「中性になること」と答える子が多いです。それはまちがいで、酸性の水溶液とアルカリ性の水溶液が少しでも混ざれば中和反応です。また、完全中和のあとにどちらかの水溶液を入れても、そこから先は中和とは言いません。P28の内容です。
- 言葉の式は書いた？→ このあとしばらくは1や2の「気体の発生の計算」と同じ内容です。固体があまります。
- 小さい方に合わせて計算したときに余ったのは液体？それとも固体??→ 固体が余る問題である場合は「その固体は何㎤で何gなの？問題文に書いてある？（グラフの場合は「読み取れる？」「加えた液体が0gのところを見た？」）」「それも計算して足した？全部固体なら足そうね」など続きます。P27-P28の内容です。

7　溶解度　→P30-P33

- 水は何gか確認した？→ 表や問題で100g以外である場合は注意が必要です。P31の内容です。
- 何gの物質をとかそうとしているか確認した？

8　水溶液の性質　→P34-P37

- 「何がとけているのかわかる？」→ 覚えていない場合はP35-36を何度も確認しましょう。

9　もののあたたまり方　→P38-P41

- 「あたたまり方、3つ言える？」「ものはあたたまるとどうなるの？」→ P39の内容です。

10　水の三態変化　→P42-P45

- 「白く見える」や「くもり始める」ときは何があるの？湯気の正体は何？→ 水です。無色の気体は目に見えません。「水蒸気」と答えてしまうようならP43-P44を確認しましょう。

11　カロリー計算　→P46-P49

- 1gの水を1℃上昇させるエネルギーが1カロリーなのはわかる？
- 水が○倍になるとカロリーは何倍？温度が○倍になるとカロリーは何倍？→ ○倍です。

12　ガスバーナー・顕微鏡の使い方 →P50-P53

- レンズをつけるときの順番は？理由は？→ 少しでも怪しかったらP51を確認しましょう。
- どのように見えるの？→「上下左右」という言葉が出てこなかったらP52を確認しましょう。

地　学

1　太陽の動き →P54-P57

- 方角や矢印などわかることを図に書いた？太陽はどう進むように見えるの？影ができる方角は？影が長いのは太陽の高さがどういうとき？南中高度が低いのはいつ？→ P55の内容です。
- 南中高度の求め方は大丈夫？→ 少しでも怪しかったらP56の内容を確認しましょう。

2　月・惑星の動き →P58-P61

- 地球に4人立たせて、東の矢印と方角を書いた？朝と夕方に注意して時間帯も書いた？反時計回りなのは大丈夫？太陽の方にある部分から、月の名前を反時計回りにそれぞれ書いた？

3　星の動き →P62-P65

- 問題文に書いてある星の位置に、月日や星が進む方向に矢印を書いた？北は反時計回りだけど大丈夫？1時間に何度動いて見える？その理由は？1か月に何度動いて見える？その理由は？？

4　気象観測 →P66-P69

- 百葉箱で工夫されていることを言える？理由は？→ P67の内容です。
- 最初にあたたまるのは地面？それとも空気？理由は？→ P68の内容です。

5　季節と天気 →P70-P73

- あたたまる部分から上向きに矢印を書いた？そのあとグルっと他の部分にも矢印を書いた？
- 夏と冬の季節風はどの方角からふく？夏あたたまりやすいのは陸？そこからグルっと考えた？

6　湿度 →P74-P77

- 「白くなる」「くもり始め」などの言葉に注目した？その正体は？そのとき湿度は何％？
- その温度ではどのくらい水蒸気を含むことができる？今、何g水蒸気を含んでる？

7　地層 →P78-P81

- 等高線の数字を確認した？柱状図の一番上に数字を書いた？「凝灰岩」や「火山灰」を見つけた？その数字も地表から計算して書いた？書いた数字を比べた？どっちが低いか確認した？

8　地震 →P82-P85

- P波とS波はどっちが先に来る？PやSは図の中にも書いた？その間の時間を初期微動継続時間っていうね。問題文と比べた？何倍になってるか確認した？比例するよね？？

9　流水のはたらき →P86-P89

- 図にある小石のそばに「浅」と書いた？泥やねん土のそばに「深」と書いた？地層は上と下のどちらからできるの？下から上にいく向きに、「浅」や「深」がどうなるか考えた？

10　岩石 →P90-P93

- たい積岩と火成岩のちがいは？火山岩と深成岩のちがいは？→ P91の内容です。

生　物

1　植物のつくりと分類 →P94-P97

- 単子葉類と双子葉類のちがいは？P95や別冊P16を確認した？

2 種子のつくりと発芽
→P98-P101

- 発芽の3条件は何?発芽に光は必要?対照実験では条件は何個まで変えていいの?→1個です。
- 種子のつくりについて、名前は覚えた?将来、体になる部分はどこ?
- 有胚乳種子は胚乳に栄養を蓄えるけど、無胚乳種子はどうするの?→ 子葉に蓄えます。何度確認しても覚えられないなら、例えば「胚乳がない!どう<u>しよう</u>。<u>しよう</u>がないなぁ、<u>しよう</u>に蓄えるか。うん、そう<u>しよう</u>そう<u>しよう</u>（無胚乳種子は主に双子葉類でもあるので2回言う）って言いながら子葉に蓄えるんだよ」など一人芝居をしながら伝えることで記憶に残す方法もあります。こういうことは意外と覚えてくれているものです。家族が一緒に確認したことを覚えてくれるのはお子さんも嬉しいものなので試してみてください。

3 蒸散
→P102-P105

- 水が減る原因は4つあるけど、それもあわせて表にまとめた?数字も書いた?○×も書いた?それを見てみると1つわかるところがあるはずだけど、見つけられた?あと計算した?

4 呼吸と光合成
→P106-P109

- 植物って、呼吸しているの?→ しています。ここをまちがえている子も多いです。植物のみが行っているのは光合成なので、まずはここを確認しましょう。P107の内容です。

5 花と受粉
→P110-P113

- 花びらは何のためにあるの?→ 虫に来てもらうためなので、その工夫がいくつかあります。
- 風に来てもらう工夫ってある?→ ありません。でも来たときにチャンスを逃さないよう準備していることが大事です。そのため風媒花は花粉の方に特徴があります。P112の内容です。

6 季節と生物・森林
→P114-P117

- P115-P116の内容は覚えた?学校の教科書も見てみる?→ 小学校の教科書にカラーで出てくるものは覚えておきたいところです。習っていない内容でも問題に出てくる可能性があります。

7 食物連鎖
→P118-P121

- 一番多いのは何だろう?それを食べるのは何?じゃあそれを食べるのは何?そのあとどうなるの?分解者って何?どこに出てくるの?→ P119-P120の内容です。

8 消化と吸収
→P122-P125

- 食べ物がどこを通るか、手で図をなぞってみようか?そこの名前は何?ここ通らなかったね、名前は何?→ P123の内容です。
- 消化酵素がはたらく温度は?温度が低すぎるとどうなる?逆に高すぎると?→ P124の内容です。

9 血液循環
→P126-P129

- 血液循環のスタート地点はどこ?→ 心臓で、その中でも左心室であることが重要です。
- 小腸や肝臓、腎臓や肺の場所は覚えてる?はたらきは?→ P127-P128の内容です。

10 セキツイ動物の分類
→P130-P133

- 進化の順にイメージした?→ 必ず進化の順を確認しましょう。P131-P132の内容です。

1　ばね
→P134-P137

- 自然長とのびは確認した？頭の中でやらずに書いた？それが大事だとわかるように四角で囲んだ？自然長はいくつ？のびは何gで何cm？→ 自然長はわからない場合がありますが、のびは必ずわかります。あとは比例の関係になっているので確認して計算していきます。
- 聞かれていることは全長？のび？最後まで文章を読んで、聞かれていることに答えた？

2　てこの利用
→P138-P141

- P139-P140はイメージできた？→ 家庭にあるものなら、実際に触ってみるのも効果的です。

3　てこのつり合い
→P142-P145

- この棒は重さがあるの？あるなら自分で図に書きこんだ？→ 書いてからがスタートです。
- 支点の位置はどこ？→ 探すものではなく、自分で決めるものです。P142の内容です。
- このおもりがあることで、棒はどう回転するの？矢印は書いた？支点からの距離を意識した？その数字も書いてから計算した？回転の向きに注意して、数字を同じにできる？上下のつり合いについても、数字を書いてから比べてみた？足りない方がどちらか確認した？

4　かっ車・輪軸
→P146-P149

- かっ車の右側と左側に数字を書いた？その数字は同じになってる？かっ車がいくつかつながっていたら四角で囲んだ？その部分を通っているひもは何か所？力と距離は逆比になってる？

5　浮力
→P150-P153

- 図の中に物の重さは書きこんだ？そばに下向きの矢印も書いた？上向きの矢印と一緒に浮力も書いた？何g？水の中に入っている部分の重さは計算した？水の中なら体積×1だけど、今回の問題は食塩水や油ではない？物の重さと浮力の2つを見て、上下のつり合いは考えた？

6　豆電球と乾電池
→P154-P157

- まず豆電球のそばに電流の大きさ書いた？電池の＋極から出ていく向きで考えている？→ 電池や他の電流を先に考えてしまい、たまたまできることがあると悩む子がいます。
- 電池の＋極から指でなぞった？電池から出て豆電球まで進んだ？そのとき、豆電球に流れる電流はいくつ？次に乾電池の方は？直列なら同じはずだけど大丈夫？→ 並列も必ず豆電球の方から考えます。「豆電球が先！」ここをあいまいにしている限り正解できません。P155の内容です。
- 並列の場合、枝分かれしている場所では合流するの？それとも分かれるの？電池の＋極から考えて、きちんと指でなぞってる？→ 最初は指を使って一つ一つ考えていくことが大事です。
- P156と別冊P20は指でなぞりながら全て確認した？→ 少しでも怪しいと思ったら必ず確認。

7　電流と発熱
→P158-P161

- 抵抗の比は書いた？電流の比は？発熱量の求め方は？書いてかけ算した？→ P160の内容です。
- 並列回路で、発熱量が大きいのはどんな場合？→ 抵抗が小さい時。電流がたくさん流れます。
- 直列回路で、発熱量が大きいのはどんな場合？→ 抵抗が大きい時ですが、丸暗記ではなく理解してほしいところです。電流の大きさはどこでも同じなので、並列のように一言では終わりません。抵抗が大きい方が流すのは大変なので、その分熱くなります。日常生活で考えると、大変な思いをしながら何かをすごく頑張った時、汗をたくさんかいて熱くなる、というイメージです。「並列は電流に、直列は抵抗に関係がありそう」と結びつけることができれば、理解が深まります。

8　電流と磁力・電磁石 ➡P162-P165

- 電池のそばに、＋極から出ていることがわかるように矢印は書いた？豆電球のそばに電流の大きさは書いた？電池やその他の部分に電流の大きさを書いた？導線をさわるイメージで右手をのばして使った？親指の方に少しふれるけど、親指の位置を確認した？
- 電磁石の巻き方は確認した？＋極から出て矢印は書いた？巻いてあるところにも書いた？

9　手回し発電機・発光ダイオード ➡P166-P169

- 長い方が＋極なのは大丈夫？図に＋を書いた？そこから考えた？短い方は−だけど、通らない場合にはそこに×印を書いた？電流の進む向きに矢印を書いた？
- 豆電球と同じように、電流の大きさを図に書いた？流れないところにも０を書いた？
- モーターの場合は図の中に、左回りか右回りか書いた？→ 別冊P23の内容です。

10　ふりこ・物体の運動 ➡P170-P173

- 隣同士や適当な感じで比べてない？きちんと○倍になっているところがないか意識して表を見ている？周期はふりこの長さだけに関係あることは大丈夫？重さで計算してない？→ 勘で解いている子が多い単元です。その場合はおそらく隣など見てばかりで気づきません。○倍になっている場所がないか強く意識して探すことが重要です。
- 速さに関係あるのは手をはなす位置だけど大丈夫？高い所から転がした方が、一番下ではより速くなるのは大丈夫？同じ高さから転がすときは、一番下での速さはどうなるの？→ 同じになります。P172の内容です。実際には摩擦があれば全く同じという結果にはなりませんが、小学生のうちは基本的には摩擦を考えないものとして解く問題が多いです。

11　光の直進・反射・屈折 ➡P174-P177

- 光の進み方は3つ言える？まっすぐ進むとき、ピンホールカメラではどのような像が見えるの？→ P175の内容です。
- 鏡の問題を解くとき、頭の中だけでやってない？図に書きこんでいる？そのとき、反射の法則を意識してる？→ 入射角と反射角を同じにして作図すると別冊P23の内容となります。

12　とつレンズ ➡P178-P181

- 焦点距離の2倍の位置は意識した？→ まずは、ここが重要です。2倍の位置に置いた物体から出た光は、レンズの反対側にもある焦点距離の2倍の位置に、同じ大きさの像ができます。問題で、「スクリーンを動かしたところ、ある位置で同じ大きさの像がはっきりと映った」などあれば、そこが焦点距離の2倍の位置であることがわかります。それより離れた場所に置いた場合、できた像はレンズに近づき、レンズに近づく場所に置けば、レンズから離れた位置に像ができます。まずは2倍の位置を強く意識しましょう。P179-P180の内容です。

13　音・圧力 ➡P182-P185

- 高い音が出るのはどんなとき？振動数を意識した？振動数が多くなるのはどんなとき？→ 音の高低について、どういうときに振動するのか自分で考えてみることが大切です。ここを丸暗記だと思っているならもったいないです。まずは考えてみましょう。P184の内容です。
- ピストンの問題で、同じ高さになるときは重さと面積はどんな関係になる？
→ 同じ比になるということが大切です。こちらもP184の内容です。

付録

著者紹介

松本　亘正（まつもと・ひろまさ）

◉──1982年、福岡県生まれ。慶應義塾大学総合政策学部卒業後、大学在学中の2004年に中学受験専門塾ジーニアスを設立し、現在も代表を務める。「伸びない子はひとりもいない」をモットーに、少人数制で家族のように一人ひとりに寄り添う指導を徹底。東京、神奈川に9校舎を展開し、首都圏の中学校を中心に高い合格実績を誇っている。

◉──著書に『合格する親子のすごい勉強』（かんき出版）、『中学受験　合格する国語の授業』（実務教育出版）など多数。

矢野　響己（やの・ひびき）

◉──1980年生まれ。東京都出身。神奈川県内の大手塾で約10年間勤めたのち、中学受験専門塾ジーニアスへ。新規開校教室の責任者に抜擢され、その後も他地域の教室責任者を歴任。志望校別特訓では慶應中等部の理科を担当。自身が小学生の頃に理科嫌いだったこともあり、理科の点数を効率よく伸ばす学習に熱意を持ち続けている。

中学受験 つまずき検索 理科

2023年7月3日　　第1刷発行

著　者──松本　亘正／矢野　響己
発行者──齊藤　龍男
発行所──株式会社かんき出版
　　　　　東京都千代田区麹町4-1-4 西脇ビル　〒102-0083
　　　　　電話　営業部：03（3262）8011代　編集部：03（3262）8012代
　　　　　FAX　03（3234）4421　　　　　　振替　00100-2-62304
　　　　　https://kanki-pub.co.jp/
印刷所──図書印刷株式会社

中学受験

つまずき
検索
理科

別冊解答

1 気体の発生の計算（グラフ） 本冊9ページ

1 塩酸 60cm³　気体 750cm³

解説

グラフより、亜鉛(あえん)1gと過不足なく反応する塩酸は20cm³で、発生する気体は250cm³とわかるので、下のような言葉の式をつくることができる。

$$\text{亜鉛} + \text{塩酸} \rightarrow \text{気体発生}$$

	1g	20cm³	250cm³
×3↓	3g	60cm³	750cm³

亜鉛が3倍なので、塩酸と気体の発生量もそれぞれ3倍となる。

2 (1) 水素 (2) 2.5g (3) 400cm³
(4) 6000cm³ (5) 5g残っている

解説

(2)
$$\text{鉄} + \text{塩酸} \rightarrow \text{気体発生}$$

	5g	200cm³	2000cm³
×½↓	2.5g	100cm³	1000cm³

塩酸が½倍なので、鉄も同じく½倍となる。ちなみに気体発生も½倍である。

(3)
$$\text{鉄} + \text{塩酸} \rightarrow \text{気体発生}$$

	5g	200cm³	2000cm³
×2↓	10g	400cm³	4000cm³

鉄が2倍なので、塩酸も同じく2倍となる。ちなみに気体発生も2倍である。

(4)
$$\text{鉄} + \text{塩酸} \rightarrow \text{気体発生}$$

	5g	200cm³	2000cm³
×4↓／×3小↓／×3↓	20g	600cm³	6000cm³

鉄が4倍、塩酸が3倍となる。
小さい方に合わせるので、気体発生は3倍である。

(5)
$$\text{鉄} + \text{塩酸} \rightarrow \text{気体発生}$$

	5g	200cm³	2000cm³
×3↓	15g	600cm³	6000cm³

※ 反応するのは15gだけ。

(4)のとき鉄も3倍の量が反応するので、5×3＝15gが反応してとけている。よって、20－15＝5gが残る。

3 (1) 水素 (2) 20g (3) 1200cm³ (4) 30g

解説

(2)
$$\text{マグネシウム} + \text{塩酸} \rightarrow \text{気体発生}$$

	30g	120cm³	1200cm³
×⅔小↓	20g	120cm³	800cm³

気体発生量が⅔倍なので、マグネシウムも同じく⅔倍となる。ちなみに塩酸も⅔倍あればちょうど反応するので、120×⅔＝80cm³でよい（40cm³残る）。

(3)
$$\text{マグネシウム} + \text{塩酸} \rightarrow \text{気体発生}$$

	30g	120cm³	1200cm³
×1小↓／×2↓／×1↓	30g	240cm³	1200cm³

マグネシウムが1倍、塩酸が2倍となる。
小さい方に合わせるので、気体発生は1倍である。

(4) 塩酸は2倍あるので、マグネシウムが過不足なく反応するためには同じく2倍必要である。よって、30×2＝60gあればよいので、60－30＝30g分のマグネシウムをさらに入れると過不足なく反応して、気体も発生しなくなる。なお、そのときの式は下のようになる。

$$\text{マグネシウム} + \text{塩酸} \rightarrow \text{気体発生}$$

	30g	120cm³	1200cm³
×2↓	60g	240cm³	2400cm³

2 気体の発生の計算（表） 本冊13ページ

1 (1) 水素 (2) ア 20 イ 800 ウ 1000

解説

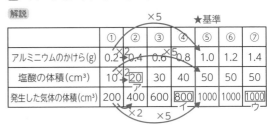

	①	②	③	④	⑤	⑥	⑦
アルミニウムのかけら(g)	0.2	0.4	0.6	0.8	1.0	1.2	1.4
塩酸の体積(cm³)	10	20(ア)	30	40	50	50	50
発生した気体の体積(cm³)	200	400	600	800(イ)	1000	1000	1000(ウ)

(2) ア、イ は比例の関係に注目する。ウは、塩酸がすべて反応してアルミニウムのかけらだけが残った状態なので、発生した気体の体積は⑤⑥と同じく1000cm³となる。

2 (1) 400cm³ (2) 2400cm³

解説

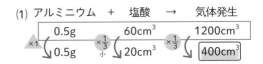

試験管	A	B	C	D	E
アルミニウム(g)	0.5	0.5	0.5	0.5	0.5
塩酸(cm³)	15	30	45	60	75
発生した気体の体積(cm³)	300	600	900	1200	1200

(1)
$$\text{アルミニウム} + \text{塩酸} \rightarrow \text{気体発生}$$

	0.5g	60cm³	1200cm³
×1↓／×⅓小↓／×⅓↓	0.5g	20cm³	400cm³

アルミニウムが1倍、塩酸が$\frac{1}{3}$倍となる。

小さい方に合わせるので、気体発生は$\frac{1}{3}$倍である。

(2) アルミニウム ＋ 塩酸 → 気体発生

	0.5g	60cm³	1200cm³
×3	1.5g	120cm³	2400cm³

アルミニウムが3倍、塩酸が2倍となる。

小さい方に合わせるので、気体発生は2倍である。

3 (1) 16cm³ (2) 1.5g

(3) 1000cm³ (4) 120cm³

解説

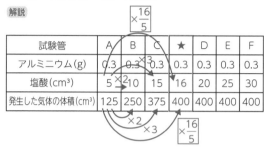

試験管	A	B	C	★	D	E	F
アルミニウム(g)	0.3	0.3	0.3	0.3	0.3	0.3	0.3
塩酸(cm³)	5	10	15	16	20	25	30
発生した気体の体積(cm³)	125	250	375	400	400	400	400

(1)

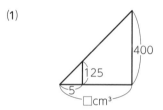

相似比が125：400＝5：□だから求めるものは、16cm³。

(2) (1)より次の式をつくることができる。

アルミニウム ＋ 塩酸 → 水素

	0.3g	16cm³	400cm³
×5	1.5g	80cm³	2000cm³

塩酸が5倍なので必要なアルミニウムも5倍となる。ちなみに気体発生も5倍である。

(3) アルミニウム ＋ 塩酸 → 水素

	0.3g	16cm³	400cm³
	0.8g	40cm³	1000cm³

アルミニウムが$\frac{8}{3}$倍（$\frac{16}{6}$倍）、塩酸が$\frac{5}{2}$倍（$\frac{15}{6}$倍）になっているから、発生する水素の量は$\frac{5}{2}$倍になる。

(4) アルミニウム ＋ 塩酸 → 水素

	0.3g	16cm³	400cm³
×30	9.0g	480cm³	12000cm³

アルミニウムが30倍なので、もともとの濃さの塩酸ならば16×30＝480cm³必要である。ただ、濃さが4倍になったのだから、必要な塩酸の量は、$\frac{1}{4}$

倍でよい。480×$\frac{1}{4}$＝120cm³

3 気体の発生と性質　本冊17ページ

1 (1) 固体：ウ 液体：カ (2) ウ

(3) ① ○ ② × ③ × ④ ○

2 (1) 固体：イ 液体：キ (2) ア

(3) ① × ② × ③ ○ ④ ○ (4) エ

3 (1) 1.0L (2) 2.0L (3) 3.0L

解説

二酸化マンガンが触媒である、ということに注目しよう。酸素がどれくらい発生するかは「過酸化水素水の量だけ」で決まる。二酸化マンガンの量が変わっても酸素が発生するのが早くなったり遅くなったりするだけである。他の気体が発生する計算とは異なるので、必ず覚えよう。

(1) 過酸化水素水が50cm³なので1.0L。

(2) 過酸化水素水が2倍の100cm³になったので2.0L。

(3) 過酸化水素水が3倍の150cm³になったので3.0L。

ステップアップ

〈塩素〉

●刺激臭　●黄緑色（黄色） → 気体なのに目に見えるめずらしいタイプ

●塩化水素と名前が似ているけど、ちがう気体

●強い殺菌作用があり、衛生面の理由から水道水にも少しだけ入っている

〈ちっ素〉

●空気中に約78％含まれている

●高温で酸素と結びついてちっ素酸化物と呼ばれるものになる → 酸性雨の原因

4 金属の燃焼　本冊21ページ

1 (1) 15g (2) 12g

解説

(1) 銅 ＋ 酸素 → 酸化銅

	8	2	10
×$\frac{3}{2}$	12	3	15

銅が$\frac{3}{2}$倍なので、酸素と酸化銅もそれぞれ$\frac{3}{2}$倍となる。

(2) マグネシウム ＋ 酸素 → 酸化マグネシウム

	6	4	10
×2	12	8	20

酸化マグネシウムが2倍なので、マグネシウムと酸素もそれぞれ2倍となる。

2 (1) イ (2) イ (3) 酸素 (4) 21g
(5) 鉄：0.4g 銅：0.25g (6) 8g

解説
(4) グラフから、下の式をつくることができる。

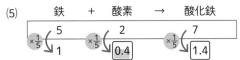

鉄が3倍なので、酸素と酸化鉄もそれぞれ3倍となる。なお、問題によっては7:3:10のときもあるので、その都度きちんと読み取ること。

(5)

鉄 ＋ 酸素 → 酸化鉄

×1/5 5 → 1 ×1/5 2 → 0.4 ×1/5 7 → 1.4

鉄が1/5倍だから、酸素と酸化鉄もそれぞれ1/5倍となる。

銅 ＋ 酸素 → 酸化銅

×1/4 4 → 1 ×1/4 1 → 0.25 ×1/4 5 → 1.25

銅が1/4倍だから、酸素と酸化銅もそれぞれ1/4倍となる。

(6) かなり難しいと感じるかもしれないけど、2種類の合計がわかっているのだから、つるかめ算で解けそうだ。下のような面積図を書いてみると、大きな長方形の面積は20×1.4＝28となる。色のついた部分の面積は、28－26.2＝1.8g。よって、銅の重さは1.8÷(1.4－1.25)＝12gとなる。だから、鉄の重さは、20－12＝8g。

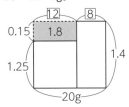

5 ろうそくの燃焼　本冊25ページ

1 (1) A ア　B イ　C ウ
(2) D ア　E ウ　F イ　(3) ア　(4) イ
(5) ア　(6) ウ　(7) G イ　H ウ　I エ
(8) J ア　K ウ　L イ　(9) L　(10) イ

解説
(2) Fはろうの固体で、Fが熱せられてろうの液体Eになり、さらに熱せられてろうの気体Dになる。
(3) 外の空気にふれる外炎は酸素が多いため、完全燃

焼する。
(4) 内炎は酸素が少なく不完全燃焼するため、ろうの中の炭素のつぶが熱せられて明るく見える原因となる。
(5) 完全燃焼をしている外炎が最も温度が高くなる。
(6) 炎心には酸素がほとんどないので、ろうの気体はほとんど燃えていない。
(7) 外炎は高温なので、外炎の部分がこげる。
(8) 外炎は完全燃焼しているのでけむりはほとんど出ない。内炎は不完全燃焼しているので黒いすすが出る。炎心はほとんど燃えていないろうの気体であり、ガラス管を通って炎の外に出ると、まわりの空気に冷やされて小さなろうの液体や固体になり、これが白いけむりとなって見える。
(9) Lから出た白いけむりは、ろうの小さな液体や固体のつぶなので、火をつけると燃える。
(10) 内炎はすすが多いので、光がすすに当たって影ができる。

6 中和反応　本冊29ページ

1 (1) 20cm³ (2) 30cm³

解説
(1) 今回は「塩酸と水酸化ナトリウム水溶液をいろいろな割合で混ぜて完全中和させました」という問題なので、残った固体などは問題文にもグラフにも出てこない。折れ曲がったところもないので、どこを読み取っても同じことになる。そのため、グラフの中で数字の小さい部分を読み取ると、下の式をつくることができる。

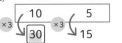

塩酸が4倍なので、水酸化ナトリウム水溶液も4倍となる。

(2)

塩酸 ： 水酸化ナトリウム水溶液

×3 10 → 30 ×3 5 → 15

水酸化ナトリウム水溶液が3倍なので、塩酸も3倍となる。

2 (1)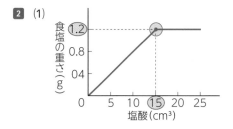

(2) 塩酸 30cm³ 食塩 2.4g

(3) 水酸化ナトリウム水溶液 36cm³
　　食塩 3.6g

解説

(2) 表やグラフでちょうど反応している塩酸の量が
15cm³、食塩が1.2gとわかる。また、問題文に
「12cm³の水酸化ナトリウム水溶液」と書いてある
ので、次の式をつくることができる。

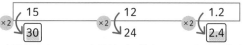

水酸化ナトリウム水溶液が2倍なので、塩酸と食塩
もそれぞれも2倍となる。

(3)

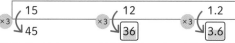

塩酸が3倍なので、水酸化ナトリウム水溶液と食塩
もそれぞれ3倍となる。

3 (1) A：食塩4.7g　C：食塩14.1g
　　　D：食塩14.1gと水酸化ナトリウム3.2g

(2) 3つ　(3) 28.2g　(4) 22.1g

解説

(1)

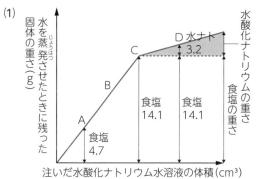

(2) フェノールフタレイン液が赤に変化するのはアル
カリ性のとき。A・Bは酸性、Cは中性、D・E・
Fはアルカリ性なので、答えは3つとなる。

(3) グラフで折れ曲がっている（ちょうど反応してい
る）部分から、水酸化ナトリウム水溶液の量が

30cm³、固体が14.1gとわかる。また、問題文1行
目に「うすい塩酸を50cm³ずつ」と書いてあるの
で、下の式をつくることができる。

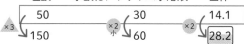

塩酸が3倍、水酸化ナトリウム水溶液が2倍とな
る。小さい方に合わせるので、固体は2倍である。
なお、塩酸も2倍の100cm³必要であり50cm³分
は余るが、塩酸の中には固体はなく、水を蒸発させ
たときにとけていた塩化水素が空気中に出ていくこ
とになる。

(4) 今までと同じように計算すると、塩酸が1倍と
なっているので、食塩は14.1gとなる。ただし、今
回は水酸化ナトリウムが余るので、その分を足す必
要がある。下のグラフの小さい三角形と大きい三角
形で相似となっている。小さい三角形部分を見る
と、水酸化ナトリウム水溶液10cm³で固体3.2g
ということがわかるので、水酸化ナトリウム水溶液
25cm³で固体8.0gということがわかる。

14.1 + 8.0 = 22.1g

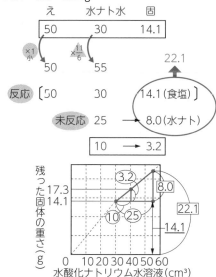

(4) 別解

この問題はグラフに注目するだけでも解くことがで
きる。水酸化ナトリウム水溶液を55cm³加えてい
るのだから、グラフ横軸の50cm³と60cm³の真ん
中の値を計算すればよい。つまり、2つの平均を計
算すればよいので、

(20.5 + 23.7) ÷ 2 = 22.1gとなる。

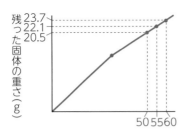

7 溶解度　本冊33ページ

1 (1)　③　(2)　①　(3)　60g

解説

(1) 縦軸は100gの水にとける量、横軸は温度を表している。横軸が「20」のところに注目すると、一番とけているものは③であることがわかる。

(2) 最もたくさん結晶が出てくるということは、「温度による溶解度の差が大きい」と同じこと。だから①になる。

(3) 「水溶液が100g」ということに注意。水が100gではない。もし、水が100gだったら①の物質は150gまでとかすことができる。物質をとかすことができるギリギリまでとかした水溶液のことを飽和水溶液という。水100gのときの飽和水溶液の式は下のようになる。この中で、飽和水溶液が100gのときの①を求めればよい。

$$\begin{array}{ccccc}
水 & + & ① & → & ①の水溶液 \\
100 & & 150 & & 250 \\
\boxed{40} & & \boxed{60} & & 100
\end{array}$$

（各 $\times\frac{2}{5}$）

①の水溶液が $\frac{2}{5}$ 倍なので、①も同じく $\frac{2}{5}$ 倍となる。

ちなみに水も $\frac{2}{5}$ 倍である。

2 8.2g

解説

計算の数値が複雑なだけで1(3)と同じ求め方である。

$$\begin{array}{ccccc}
水 & + & ホウ酸 & → & ホウ酸水 \\
100 & & 8.9 & & 108.9 \\
\boxed{91.82} & & \boxed{8.17} & & 100
\end{array}$$

（各 $\times\frac{100}{108.9}$）

ホウ酸水が $\frac{100}{108.9}$ 倍なので、ホウ酸も同じく $\frac{100}{108.9}$ 倍となる。

$8.9 \times \dfrac{100}{108.9} = \dfrac{890}{108.9} = 8.17\cdots$

小数第2位を四捨五入するので、8.2gとなる。

ちなみに水も $\dfrac{100}{108.9}$ 倍であるので、

$100 \times \dfrac{100}{108.9} = \dfrac{10000}{108.9} = 91.82\cdots$ となる。

3 (1)　16.3g　(2)　13%　(3)　4.7%
　　(4)　食塩 エ　ホウ酸 ウ

解説

(1) 食塩は、38.0−36.3＝1.7gが結晶となって出てくる。ホウ酸は、23.5−8.9＝14.6gが結晶となって出てくるので、合計は 1.7＋14.6＝16.3gとなる。

(2) ホウ酸の重さが14.9gでホウ酸水の重さが114.9gとなる。よって、$\dfrac{14.9}{114.9} \times 100 = 12.967\cdots$
小数第1位を四捨五入するので、13%となる。

(3) とけているホウ酸の重さが4.9gでホウ酸水の重さは104.9g。よって、$\dfrac{4.9}{104.9} \times 100 = 4.671\cdots$
小数第2位を四捨五入するので、4.7%となる。

(4) アは硫酸銅、イはミョウバン、オは雪の結晶である。

8 水溶液の性質　本冊37ページ

1 (1)　イ、ウ　(2)　ア、エ、カ、キ、ク
　　(3)　ア、イ、エ　(4)　ウ、オ、ク　(5)　カ

解説

(2) イはアンモニア（気体）、ウは塩化水素（気体）、オは二酸化炭素（気体）がとけている。

(3) ＢＴＢ溶液で青色を示すのはアルカリ性である。なお、石灰水は水に水酸化カルシウムがとけてできたものである。

(4) 紫キャベツ液で赤色またはピンク色を示すのは酸性である。

(5) 電気を通さないもの（非電解質）は、中性になる水溶液の一部のみで、ここでは砂糖水があてはまる。食塩水は電気を通すが砂糖水は電気を通さないことを覚えておこう。

2 (1)　オ　(2)　C　(3)　A、B　(4)　C　(5)　D

解説

A＝石灰水、B＝水酸化ナトリウム水溶液、
C＝うすい塩酸、D＝砂糖水、E＝食塩水、となる。

9 もののあたたまり方　本冊41ページ

1 ①　下　②　上

解説

① 膨張率は「銅＞鉄」なので、銅（上側）の方が長くのびる。そのため、下に曲がる。

② 膨張率は「アルミニウム＞鉄」なので、アルミニウム（下側）の方が長くのびる。そのため、上に曲がる。

2 (1)　伝導　(2)　エ　(3)　ア　(4)　ウ

解説

(1) 固体のあたたまり方は伝導である。

(2) 熱伝導率は「銅＞アルミニウム＞鉄」なので、その順番に熱が伝わりロウがとけていく。なお、ガラスは熱を伝えにくい。

(3) 板の中央を熱したのでそこから一定の速さで同心円状に広がっていく。

(4) 表面の温度はどちらも20℃だが、アルミニウムの方がガラスより熱をよく伝えるので、手の熱を多くうばう。

10 水の三態変化　本冊45ページ

1 (1) A 100℃　B 0℃　(2) ① エ　② イ
　③ オ　(3) c　(4) ① カ　② イ　③ イ

解説

(1) Aは水が水蒸気になるときの温度（ふっ点）、Bは氷がとけ始めるときの温度（ゆう点）である。

(2) ①氷はaでとけ始めてbでとけ終わる。とけ終わるまでの時間は氷の量などにもよるが、基本的には一瞬にしてとけ始めたと同時にとけ終わるわけではない。②水の温度が上がっている状態である。③水はcで水蒸気に変わり始める。すべて水蒸気に変わるまでの時間は水の量などにもよるが、基本的には一瞬にして水がすべて水蒸気に変わるわけではない。

(4) ①目に見えているものは気体ではない。気体が冷やされてできた水滴である。②目に見えないからといって何もないわけではない。ここには水蒸気がある。③水がふっとうしているときのようすを表しているので、この泡の正体は水蒸気である。

2 (1) 冷やす　(2) ア 固体　イ 液体　(3) ⑥
　(4) ②　(5) ④　(6) ①

解説

(1) 図の中にある実線の→は、気体が液体や固体に変化することを表している。そのため、冷やしたときの変化のことだとわかる。

(2) ⑥の矢印より、冷やすとイからアに変化することがわかるので、イ：液体、ア：固体となる。

(3) 液体の水が冷やされて固体の氷になる変化である。

(4) 固体のドライアイスが気体の二酸化炭素になる変化である。

(5) コップのまわりにある気体の水蒸気が冷やされて水になる変化である。なお、「水滴がつく」以外に、「くもる」という表現で問題に出てくることもある

が、同じようなものだと考えてよい。どちらでも対応できるようにしておきたいところである。

(6) 空気中の水蒸気が固体の氷になったものを霜という。まちがえやすいものとして「きり」や「つゆ」がある。きりの正体は水滴。つゆは、空気中の水蒸気が冷えて水滴になってものの面についたものである。どちらも気体から液体に変化したものであり、霜とは異なる。

11 カロリー計算　本冊49ページ

1 (1) 30℃の水が150g　(2) 90℃　(3) 300g

解説

(1) 水は全部で100＋50＝150g。カロリーは全部で
40×100＋10×50＝4500cal
よって、4500÷150＝30℃となる。

(2) 水は200＋300＝500g　最終的に持っているカロリーは全部で70×500＝35000cal　35000－40×200＝27000calより、ある温度の水が持っているカロリーが27000calとわかる。よって、27000÷300＝90℃となる。

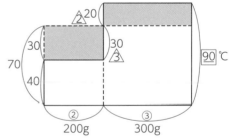

(3)

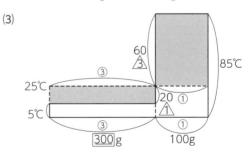

上の面積図より100×3＝300gとなる。

2 (1) 8000カロリー　(2) 600カロリー

解説

(1) 40×200＝8000カロリー

(2) 図2より、鉄は比熱が0.10とわかるので、水のときと比べると0.1倍となる。
60×100×0.1＝600カロリー
※問題文が長いだけで難しく感じるけど、あせらず聞か

れていることに答えよう。

3 (1) 8℃ (2) 10℃ (3) 47℃

解説

(1) 最初に水が持っているのが 30×400＝12000cal
 0℃の氷100gをとかして0℃の水100gにするのに
 必要なのが100×80＝8000cal 氷をとかし終わっ
 たあとに残っているのが12000－8000＝4000cal
 よって、4000÷（400＋100）＝8℃。

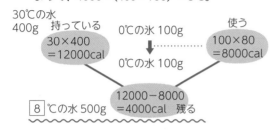

(2) 最初に水が持っているのが 30×250＝7500cal
 －20℃の氷50gを0℃の氷50gにするのに必要な
 のが20×50×0.5＝500cal 0℃の氷50gをとか
 して0℃の水50gにするのに必要なのが50×80＝
 4000cal 氷をとかし終わったあと残っているのが
 7500－（500＋4000）＝3000cal
 3000÷（250＋50）＝10℃

30℃の水
250g 持っている －20℃の氷 50g

```
30×250        ┊⋯⋯⋯ 20×50×0.5
=7500cal      ▼       =500cal  使う
         0℃の氷 50g
              ┊⋯⋯ 50×80
              ▼     =4000cal  使う
         0℃の水 50g
                      └──┐
                    4500cal  使う
7500−4500
10 ℃の水 300g  =3000cal  残る
```

(3) 20℃の水が得たカロリーは（25－20）×100＝
 500cal 銀の球が失ったカロリーも同じなので
 500÷（75－25）＝10より、200gの銀の球は水10g
 分におきかえて考えることができる。よって、
 （45×200＋87×10）÷（200＋10）＝47℃。

12 ガスバーナー・顕微鏡の使い方 本冊53ページ

1 (1) 接眼レンズ (2) ウ→エ→オ→ア→イ→カ
 (3) 16倍

解説

(2) ほこりやごみが入るのを防ぐため、接眼レンズ→
 対物レンズの順にとりつける。

(3) 長さが4倍なので、面積は16倍となる。「面積」
 を聞かれている問題には気をつけよう。

2 (1) ねじA：ガス調節ねじ B：空気調節ねじ
 (2) 黒色 (3) イ (4) ウ

解説

(2) 「試験管の外側の色」を聞かれている問題。試験
 管の外側は不完全燃焼の炎で加熱されて黒くなる。
 ここは何でも「赤色」や「青色」だと思いこまない
 ように注意が必要。よく出てくるのは「何色の炎」
 かで、その場合は「赤色」や「青色」のどちらかに
 なることが多い。問題文をきちんと見よう。

(3) 「くもりました」の正体は、水蒸気が冷やされた
 水である。

マスター問題の解答・解説
地学

1 太陽の動き　本冊57ページ

1 (1) ウ　(2) エ　(3) ア　(4) ①　(5) エ

解説

(1)(2)
下の図をイメージできればよい。

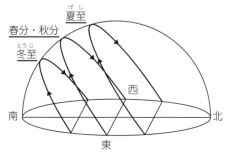

(3)(4)
下の図の通り。
日かげ曲線で大事な3つのポイント（時期・方角・動く向き）は自分で図に書きこむことが大事。書いてから考えよう。

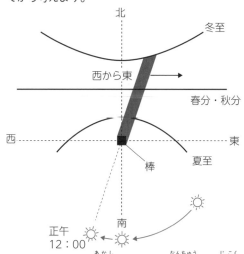

(5) 日本では兵庫県明石市で太陽が南中した時刻を12時としている。よって東京では、正午の少し前に太陽が南中する。上の図のようにかげが東よりの北側にできているものが答えとなる。

2 (1) 55°　(2) 26.6°

解説

南中高度を求めるとき、経度は関係ない。
(1) 90 − 35 = <u>55°</u>
(2) 90 − 40 − 23.4 = <u>26.6°</u>

2 月・惑星の動き　本冊61ページ

1 (1) ②　(2) エ　(3) C　(4) ウ

解説

(1) (3) 問題文に「Aが上弦の月」と書いているので、右側から太陽の光が当たっていることがわかる。よって、G：新月から反時計まわりに、H：三日月→A：上弦の月→C：満月→E：下弦の月→F：26日の月となっていることがわかる。

2 (1) ① 地球　② 木星　③ 金星　④ 火星
(2) 惑星：水星・金星
　　理由：地球より内側を公転しているから。

3 (1) A　(2) エ

解説

(1) 右側が少し光っているので、太陽が右にあることがわかる。よって、答えはAである。なお、Aは夕方に西の空で見える宵の明星である。

(2) 図の位置にある火星を地球から見ると太陽の反対側にあるので、真夜中に南中する。なお、この火星を見たとき、太陽光を反射している面が地球の方を向いているので、満月のように見える。

3 星の動き　本冊65ページ

1 (1) ① はくちょう座　② こと座　③ わし座
(2) 夏の大三角
(3) おりひめ星：ベガ、ひこ星：アルタイル
(4) 星座：さそり座、1等星：アンタレス

2 (1) シ　(2) キ　(3) オ

解説

(1) 北の空の星は日周運動で1時間に15度ずつ反時計まわりに回転するので、午後8時から午後10時の2時間だと、15×2 = 30°回転する。よって、アからシへ動く。

(2) 北の空の星は年周運動で、1か月に30°反時計まわりに回転する。7月10日から1月10日までだと6か月なので、30×6 = 180°回転する。アから180°進むと反対側のキとなる。

(3) 日周運動と年周運動の両方を考える。同時には考えられないので一つずつ考えていく。まず、年周運動で7月10日から2月10日までだと7か月進んでいるので、30×7 = 210°反時計まわりに回転し、アからカに動くことになる。これは午後8時のことで、午後10時だと2時間後なので、日周運動でさらに15×2 = 30°反時計まわりに進んでオとなる。

3 エ

解説

1時間で15°進むので、45°進むには3時間かかる。午後8時の3時間後は午後11時である。

---

4 気象観測　本冊69ページ

1 (1) 百葉箱　(2) 北　(3) ウ　(4) エ

解説

(2) とびらを開けたとき、温度計に直射日光が当たらないようにするために、とびらは北を向いている。

(3) 箱の中に日光が差しこまないようにしている。「外側」の位置に気をつけよう。

(4) 正確な気温を測定するために、風通しをよくし、外の気温と同じにしなければならない。

2 (1) イ　(2) 26.0℃　(3) ア　(4) エ

解説

(1)(3) 読む場所の真横から、液面の平らな部分を読む。

(2) 最小目もりの10分の1まで目分量で読む。26℃と答えないように注意しよう。

(4) 風通しの良い、日かげになっている場所で、1.2mから1.5mの高さではかる。

---

5 季節と天気　本冊73ページ

1 (1) ひまわり　(2) ア② イ③ ウ①
(3) ①　(4) ①イ ②エ ③カ ④エ ⑤オ

解説

(2) ア 「猛暑日」という言葉に注目すれば夏だとわかる。夏は全体的にあまり雲がかかっていないように見える②である。

イ 文章中に「梅雨前線」という言葉があるので梅雨の時期とわかる。梅雨は東西に長く雲の帯ができている③である。

ウ 文章中に「西高東低型の気圧配置」という言葉があるので冬だとわかる。冬はすじ状の雲がある①である。

(3) 等圧線が縦になっている天気図は冬のものである。よって①。

(4) 日本海側では雪や雨の日が多くて、太平洋側では晴れの日が多くなる。

---

6 湿度　本冊77ページ

1 気温：26.0℃　湿度：84%

解説

気温は「乾球が示す温度」を見ればわかる。「4 気象観測」で学習した通り、最小目もりの10分の1まで目分量で読むようにしよう。なお湿球は水にぬれたガーゼや布を巻きつけているので、気温を表してはいない。乾球と湿球を逆にしないようにきちんと理解しよう。乾球は26.0℃、湿球は24.0℃なので、その差は2.0℃である。乾球26℃の段で、差が2℃の列を見ると84%であると読み取ることができる。

2 (1) 温度：21.0℃　湿度：82%　(2) 15g
(3) ウ　(4) 65%　(5) 20.5℃

解説

(1) 乾球（気温を表している）は21.0℃である。また、湿球は19.0℃なので、その差は2.0℃である。乾球21℃の段で、差が2.0℃の列を見ると82%であると読み取ることができる。

(2) $18.3 \times \dfrac{82}{100} = 15.006$　四捨五入して15gとなる。

(3) (2)より水蒸気の量が15.006gとわかっている。表面がくもり始めるのは湿度100%のときなので、飽和水蒸気量が15.006gのときである。よって、表2より、17℃以上18℃未満のときであることがわかる。

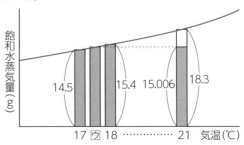

(4) 表2より、25℃のとき、飽和水蒸気量は23.1gである。
$\dfrac{15.006}{23.1} \times 100 = 64.9\cdots$　四捨五入して65%となる。

(5) 表1より、乾球25℃・湿度65%の場所を探すと、乾球と湿球の示す温度の差は4.5℃であることがわかる。湿球の方が温度が低いので、25−4.5＝20.5℃となる。

1 (1) **エ** (2) **5m**

解説

図2に書きこむと次のようになる。
図2

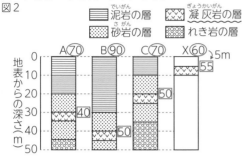

(1) 凝灰岩の層の上面の標高は、A地点40m・C地点50mとなるので、A地点（北）の方が10m下がっていることがわかる。

(2) A地点からC地点まで200m離れているので、100m離れた場合は5m変わることがわかる。X地点は、C地点より南に100m離れているので、C地点での標高50mより5m上がった55m地点に凝灰岩の層の上面があることになる。よって、X地点の標高60mから5m掘れば見られることになる。

2 (1) **ア** (2) **イ**

解説

(1)(2) 図2に書きこむと下のようになる。

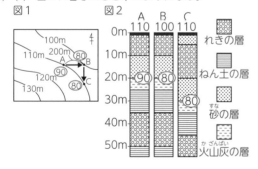

(1) 火山灰の層の上面は、A地点90m・B地点80m・C地点80mとなるので、A地点だけが10m上がっていることになる。よって、B地点、C地点がある東の方向に下がっているといえる。

(2) A地点からB地点まで200m離れると10m下がることがわかったので、水平方向に100m進むと5m下がるようなかたむきであるといえる。

1 (1) **ウ** (2) **エ**

解説

(1) 特別な条件がないときなど、普通は震源に近いほど、ゆれは大きくなる。

(2) 震源からの距離が等しい場所を選ぶ。

2 (1) **P波 6秒後 S波 10秒後** (2) **4秒間**
(3) **120km**

解説

(1) P波 30÷5＝6秒後、S波 30÷3＝10秒後

(2) aの部分は初期微動で、P波が来てからS波が来るまでのゆれである。よって、10－6＝4秒間。

(3) 図のように、比例の関係となる。初期微動継続時間は30km地点で4秒だったので、16秒になるのは4倍となる。よって、30×4＝120kmとなる。

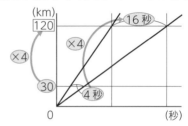

3 (1) **秒速6km** (2) **150km** (3) **30秒間**

解説

(1) 30÷5＝6km/秒

(2) 図より初期微動継続時間は30km地点で5秒なので、25秒になるのは5倍となる。よって、30×5＝150km。

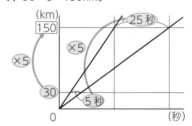

(3) (2)同様に比例の関係を考える。30km地点と比べると距離が6倍になるので、初期微動継続時間も同じく6倍となる。よって、5×6＝30秒。

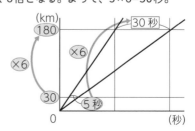

9 流水のはたらき　本冊89ページ

1 (1) ①　(2) ⑤　(3) C

　　(4) 小さくなっていく。

解説

(1) 地層は基本的には下から順番に積もるため、一番
　　上にある①の層が新しいと考えられる。

(2) 陸地から遠いと考えられるのは、つぶの小さい方
　　（⑤泥の層）ができたときである。

(3) 曲がっている側では、外側は流れが速くてしん食
　　作用が大きくなり、がけになっていることが多い。
　　内側は流れがおそくてたい積作用が大きくなり、石
　　や砂などが積もる。

(4) けずられて小さくなっていく。

2 (1) あ　ア　い　ウ　う　イ

　　(2) つぶが小さくて軽いものほど遠くまで運ばれ
　　　るから。

　　(3) ア

解説

(1) 下の方にはつぶの大きい重いものが積もる。

(3)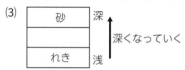

　　深くなっていくのは、「ア」の海水面が上がるとき
　　である。

10 岩石　本冊93ページ

1 (1) ① 泥岩　② 砂岩

　　③ れき岩　④ 凝灰岩　⑤ 石灰岩

　　⑥ チャート　⑦ ネンバン岩　(2) たい積岩

2 (1) 化石　(2) 示相化石　(3) ① ウ　② ア

　　③ イ　(4) 示準化石（標準化石）　(5) ① イ

　　② ウ　(6) ① イ　② ア　③ ア

3 (1) マグマ　(2) B 深成岩　C 火山岩

解説

本冊91～92ページを何度も確認して、忘れないよ
うにしよう。

1 植物のつくりと分類　本冊97ページ

1 (1) ① 双子葉類　② 単子葉類　(2) ③ 主根
④ 側根　⑤ ひげ根　⑥ 師管　⑦ 形成層
⑧ 道管　⑨ 師管　⑩ 道管　(3) ⑪ 網状脈
⑫ 平行脈

2 図1　　　　　　図2

図1は形成層があるので双子葉類、図2は維管束が
バラバラにちらばっているので単子葉類である。な
お、水はいずれも内側を通る。

3 (1) イ　(2) ウ　(3) イ
(4) マッシュルーム

解説

(1) ジャガイモは茎、レタスは葉、ブロッコリーは花
のつぼみを主に食べている。ちなみに、茎…アスパ
ラガス、葉…タマネギ、ネギ、ホウレンソウ、花…
カリフラワーもあわせて覚えておこう。

(2) カボチャはウリ科である。

(3) イネは被子植物で、単子葉類である。

(4) マッシュルームはキノコのなかまで、葉緑体がな
いので白い色をしている。

2 種子のつくりと発芽　本冊101ページ

1 (1) ① △　② ○・①と⑤　③ ○・②と③
④ ×・①と②　⑤ ○・①と④
(2) 水・空気・光・肥料

解説

(1) ① 実験①～⑤はすべて25℃という同じ条件で
行っているので、この実験からは温度のちがい
が発芽にどのような影響があるのかはわから
ない。

② 水の条件だけが異なっているのは、実験①
と⑤である。

③ 光の条件だけが異なっているのは、実験②
と③である。また、実験③では光を与えて
いないのに発芽しているので、「発芽には光は必
要でない」ことがわかる。

④ 肥料の条件だけが異なっているのは、実験
①と②である。また、実験②では肥料を与え

ていないのに発芽しているので、「発芽には肥
料が必要でない」ことがわかる。よって、④は
誤りだとわかる。

⑤ 空気の条件だけが異なっているのは、実験
①と④である。

(2) 成長に必要な5条件は、水・空気・適温・光・肥
料だが、この問題はその中でも(1)で変えた4つの条
件を答える。25℃という条件は変えていないので、
適温を答えないように注意しよう。

2 (1) 子葉　(2) デンプン　(3) はいにゅう
(4) い

解説

(1) インゲンマメは双子葉類、無胚乳種子なので、
栄養分は子葉にたくわえられる。

(3) イネは単子葉類、有胚乳種子なので、栄養分は胚
乳にたくわえられる。ひらがな指定の問題なので、
答え方に注意しよう。

(4) 発芽するためには、水・空気・適当な温度の3つ
の条件が必要である。その条件をすべて満たしてい
るのは「い」である。

3 蒸散　本冊105ページ

1 (1) エ　(2) 18mm　(3) 5mm

解説

まず表にして○×を書きこんでから考えてみよう。
この問題では水面に油をたらしているので、水面から
は水が蒸発せず「×」となる。

	A	B	C	D
表	○	×	○	×
うら	○	○	×	×
茎	○	○	○	○
水面	×	×	×	×
減った水	33	23	15	5

(2) 上の表のDより、茎から「5」減ったことがわか
る。

上の表のBの茎部分に「5」を入れるとうらから
「18」減ったことがわかる。よって、(2)の答えは
<u>18mm</u>。

なお、他の部分は次の表のようになる。

	A	B	C	D
表	○10	×	○10	×
うら	○18	○18	×	×
茎	○ 5	○ 5	○ 5	○ 5
水面	×	×	×	×
減った水	33	23	15	5

(3) 葉の表とうらの両面にワセリンをぬった場合、葉を全部取った結果と同じになると考えられる。よって、試験管Eは、試験管Dと同じ5mmとなる。

2 (1) 10mm (2) 4mm (3) 2mm
　　(4) 葉のうら

解説

まず表にして○×を書きこんでから考えてみよう。

	A	B	C	D
表	○	○	×	×
うら	○	×	○	×
茎	○	○	○	○
水面	×	×	×	×
減った水	16	6	12	2

(1) (2) (3) 上の表のDより、茎から「2」減ったことがわかる。よって、(3)の答えは **2mm**。
　　上の表のCの茎に「2」を入れると、うらから「10」減ったことがわかる。よって、(1)の答えは**10mm**となる。
　　上の表のBの茎に「2」を入れると表から「4」減ったことがわかる。よって、(2)の答えは**4mm**。

(4) 葉のうらから減った水の量が一番多いので、気孔がたくさんあると考えることができる。

4 呼吸と光合成　本冊109ページ

1 (1) 光合成 (2) a→c→d→b
　　(3) A ウ B オ (4) イ
　　(5)

　　　　　　　　　　(6) オ

解説

(6) 光合成には、水も二酸化炭素も葉緑体も必要だが、この実験からはわからない。葉緑体があって光

を当てた部分だけにでんぷんができたという事実から、答えはオとなる。

5 花と受粉　本冊113ページ

1 (1) ウ (2) ア (3) ウ (4) ア (5) ウ

解説

(1) アサガオは自家受粉できる。受粉は花をさかせる前に行うので、つぼみのときにおしべを取り去る。

(2) 昆虫が他のアサガオの花粉を運ぶことを防ぐためにアサガオにふくろをかぶせる。そうすると昆虫は入ってこれない。

(3) アサガオの花がさいてからおしべを取り去りふくろをかぶせることで、受粉が行われる時期を確認することができる。

(4) (5) ③の花は自家受粉を行っていたので種子ができた。

6 季節と生物・森林　本冊117ページ

1 (1) エ (2) イ

解説

カブ（スズナ）とダイコン（スズシロ）に注意。

2 (1) エ (2) ロゼット

3 (1) コケ (2) 一年 (3) 多年 (4) 陽 (5) 陰

7 食物連鎖　本冊121ページ

1 (1) ① ウ ② オ ③ イ
　　　④ キ ⑤ ア ⑥ エ ⑦ カ
　　(2) ウ (3) オ (4) 食物連鎖

解説

(2) ア～カの中で、自分で養分をつくっている生物は植物プランクトンだけである。

(3) 環境が変わらなければ、長い年月がたっても生物の数はあまり変わらない。

2 ① 食べ ② 多 ③ 植物（生産者）

8 消化と吸収　本冊125ページ

1 ① だ液 ② 胃液 ③ たん汁（たん液） ④ すい液 ⑤ 腸液 ⑥ ○ ⑦ × ⑧ × ⑨ ○
　　⑩ × ⑪ ○ ⑫ × ⑬ ○ ⑭ × ⑮ ×
　　⑯ ○ ⑰ ブドウ糖 ⑱ アミノ酸
　　⑲ 脂肪酸、モノグリセリド（順不同）

2 (1) イ (2) ① でんぷん ② 糖

3 (1) ① 食道 ② 塩酸 ③ 小腸 ④ 十二指腸
　　　⑤ 大腸

(2) ① だ液せん（口） ② 胃 ③ すい臓 ④ 小腸
　　⑤ 肝臓

(3) たんのう

解説

(2)(3) 肝臓でつくられたたん汁はたんのうにたくわえられる。たんのうではつくらないので、注意。

---

9 血液循環　本冊129ページ

1 (1) (i) A・肺　(ii) C・小腸

　　(2) (i) ①・③・⑤（順不同）　(ii) ②・④（順不同）

　　(3) ウ

解説

(1) (i) 肺（A）で二酸化炭素と酸素を交換する。

　　(ii) 小腸（C）で消化された栄養分を吸収する。

(2) (i) 肺から心臓に戻ってくる血液、心臓から体中に出ていく血液は酸素の多い動脈血である。

　　(ii) 体中から心臓に戻ってくる血液、心臓から肺に出ていく血液は二酸化炭素の多い静脈血である。

(3) 肺→左心房→左心室→全身→右心房→右心室→肺という循環をくり返す。

2 (1) A　(2) D　(3) エ　(4) イ　(5) ア

解説

(1)(2) 静脈血（問題の図では左側）が流れる動脈（心臓から出ていく方）は肺動脈、動脈血（問題の図では右側）が流れる静脈（心臓に戻ってくる方）は肺静脈だけである。

(3) Bは体中から心臓に戻る血液が流れる静脈だから、酸素が少なく二酸化炭素の多い静脈血が流れるので、黒ずんだ赤色をしている。また、血液の逆流を防ぐために弁がついている。

(4) Fは小腸から肝臓に血液が流れる門脈で、小腸ではブドウ糖とアミノ酸が血液中に取り入れられ、脂肪酸とモノグリセリドはリンパ管に取り入れられる。今回は血液に含まれる（取り入れられる）栄養分を問われているので、イが答えとなる。

(5) 腎臓は血液中の不要物をこし取って尿をつくるはたらきをする。

---

10 セキツイ動物の分類　本冊133ページ

1 (1) オ　(2) ア・イ　(3) ア　(4) セキツイ動物

　　(5) えらで呼吸する。

解説

(1) アは鳥類、イはホ乳類、ウはハ虫類、エは魚類、

オは両生類、カは無セキツイ動物の甲殻類である。寒天質というのは、とう明なゼリー状に固まっている性質のこと。それに包まれた卵を産むのは両生類である。

(2) 鳥類とホ乳類は恒温動物である。

(3) 卵や子に対して、親の保護があるものほど産卵数が少ない。

(4) 背骨があるという共通点をもっている。

(5) 魚類は一生えらで呼吸する。
　なお、肺は空気の中から酸素を取り入れるつくり、えらは水の中から酸素を取り入れるつくりである。

2 (1) A カ　B ア　C オ　D イ　E キ
　　　F エ　G ウ

　　(2) ① d　② a　③ b　④ c　⑤ f

解説

(1) a キツネはホ乳類、b ペンギンは鳥類、c ワニはハ虫類、d カエルは両生類、e コイは魚類である。魚類、両生類、ハ虫類は体温が変化する変温動物、鳥類とホ乳類は体温が一定である恒温動物。ワニは陸上に殻のある卵を産む。カエルはオタマジャクシの頃はえらで呼吸するが、成体になると肺で呼吸する。また、f テントウムシ、g コオロギ、h クモは背骨をもたない無セキツイ動物で、テントウムシはさなぎの時期がある昆虫、コオロギはさなぎの時期がない昆虫、クモは昆虫ではない。

(2) ①イモリは両生類、②イルカはクジラなどと同じホ乳類、③ダチョウはペンギンなどと同じく飛べないが鳥類、④ヤモリはハ虫類、⑤ゲンゴロウはさなぎの時期がある昆虫である。

＜植物の分類＞

植物	胞子で 増える	コケ類			ゼニゴケ・スギゴケ
		シダ類			ワラビ・ゼンマイ・スギナ（ツクシ）
	種子で 増える	裸子植物			マツ・スギ・イチョウ・ヒノキ・ソテツ
		被子植物	単子葉類		・イネ科 イネ・ムギ・トウモロコシ・ススキ・ササ エノコログサ
					・ユリ科 ユリ・チューリップ
					その他・ツユクサ・アヤメなど
			双子葉類	合弁花	・キク科 コスモス・ヒメジョオン・ハルジオン・ヒマワリ ダリア・タンポポ（コスモス姫はひまだった）
					・ヒルガオ科 アサガオ・ヒルガオ・ヨルガオ・サツマイモ （朝昼夜とサツマイモ）
					・ナス科 ナス・トマト・ピーマン・ジャガイモ （なんとピーマンじゃ）
				※	・ウリ科 カボチャ・メロン・ヘチマ・ツルレイシ スイカ・キュウリ（カメはヘチマとツルレイシが好き）
				離弁花	・バラ科 リンゴ・モモ・ウメ・ナシ・イチゴ・サクラ （リンゴはもうないさ）
					・アブラナ科 キャベツ・カブ・ナズナ・イヌガラシ コマツナ・ダイコン（聞かない子だ）
					・マメ科 ダイズ・エンドウ・インゲンマメ・シロツメクサ・アズキ

※ウリ科は分類の仕方によって、合弁花に分類されるときと離弁花に分類されるときがあります。

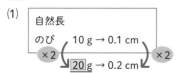

1 ばね　**本冊137ページ**

1 (1) 20g (2) イ

解説

(1)

```
自然長
のび   10 g → 0.1 cm
×2  ↓          ↓  ×2
     20 g → 0.2 cm
```

図1のつなぎ方だと、左右のおもりのどちらかが全体を支え、もう一方がばねを引っ張ることになる。10gで0.1cmのびるので、0.2cmのびたということは10×2＝20gの力で引っ張っていることになる。したがって、右と左のおもりの重さは両方とも20gである。

(2) 図2では左のおもりのかわりに床が全体を支えているので、のびは0.2cmのままである。図1と図2は同じようなものであることを覚えておこう。

2 (1) 500g (2) イ

解説

(1) まずは自然長とのびを確認しよう。

```
自然長  20 cm  ←
のび   100 g → 2 cm
×5  ↓          ↓  ×5   30 − 20 = 10
     500 g → 10 cm  ←
```

ばねの長さが30cmということは、のびは10cmとわかる。100gで2cmのびるばねなので、のびが5倍であれば、ばねにかかる重さも5倍である。100×5＝500g となる。

(2) 横軸と縦軸に注目して、100g（横軸）で2cmのびているもの（縦軸）を探せばいいので、イとなる。

3 ア 20 イ 12 ウ 10 エ 6 オ 5 カ 33
　 キ 10 ク 6

解説

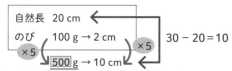

```
自然長  30 cm
のび   10 g → 6 cm
×2  ↓          ↓  ×2
     20 g → 12 cm
```

ア 上のばねにかかる重さが10gではないことに注意しよう。
ばねより下にある重さがすべてばねにかかるので、10＋10＝20g となる。ここはひっかかりやすいところなので、気をつけよう。

オ 上のばねは2本あるので、10÷2＝5gずつ重さ

がかかる。

カ 3cmとしないように注意しよう。問われていることを必ず確認すれば、ひっかからなかったはず。今回はのびではなく「全長」を問われているので、30＋3＝33cm となる。

2 てこの利用　**本冊141ページ**

1 (1) はさみ：ア　ピンセット：ウ (2) イ、ウ
　 (3) C

解説

(1) はさみは「支点が力点と作用点の間にある」てこである。
　また、ピンセットは「力点が支点と作用点の間にある」てこである。

(3) 支点に近い部分に糸をはさんだ方が支点からの距離が短くなるため、力点に加える力が小さくてすむ。

2 (1) ウ・回転 (2) ⅡとⅢ

解説

(2) つめ切りは、2つのてこが組み合わさってできているものである。上の部分は「作用点が支点と力点の間にあるてこ」であり、下の部分は「力点が支点と作用点の間にあるてこ」である。

3 てこのつり合い　**本冊145ページ**

1 (1) 30 (2) 20 (3) 8 (4) 10

解説

「棒の重さは考えない」と書いてあるので、このまま計算すれば答えが出てくる。

(1) 40×15＝20×30

(2) 12×20＝ 8 ×30

(3) 10×40＝ 8 ×50

(4) 10×10＝20× 5

〈別解〉おもりが2つしか出てこないので、逆比を使った考え方で解くこともできる。

(1) 距離　2：1 ⇔ 重さ（1：2）
　　　　　　　　　　　　15：30

(2) 距離　3：2 ⇔ 重さ（2：3）
　　　　　　　　　　　　20：30

(3) 重さ　4：5 ⇔ 距離（5：4）
　　　　　　　　　　　　10：8

(4) 重さ　2：1 ⇔ 距離（1：2）
　　　　　　　　　　　　10：20

2 (1) 250g (2) 400g (3) 75g (4) 125g

(5) 60g (6) 40g

解説

棒の重さについて、忘れずに図に書きこもう。

太さが一様な棒なので、真ん中（左端から50cmの場所）に50gをつるしてから考える。

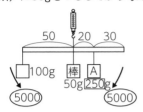

(1) $50 \times 100 = 20 \times \boxed{250}$

(2) 左端のおもりが100g、棒が50g、右のおもりAが(1)で250gとわかるので、下向きに合計400gとなる。それにつり合うためには同じく400gが上向きに必要である。

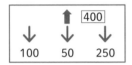

(3) まず真ん中に棒50gを書く。

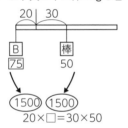

$20 \times \square = 30 \times 50$

(4) 左端のおもりBが(3)で75gとわかるので、棒50gと合わせて下向きに合計125gとなる。それにつり合うためには同じく125gが上向きに必要である。

(5) $50 \times 50 + 70 \times 50 = 100 \times \boxed{60}$

(6) 下向きの力は、真ん中の棒50gと、右のおもり50gで合計100g。(5)で求めた右端のばねばかり60gは上向きの力となるので、このままではつり合わない。よって、さらに上向きの力が100 − 60 = 40g必要となる。

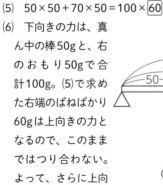

3 (1) 180g

(2) 20cm

解説

(1) 120 + 60 = 180g

(2) 重さの比が2：1なので、距離の比は1：2になる。60cmを1：2に分けるので、左端から20cmとなる。

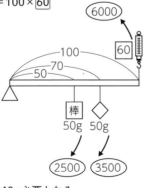

4 かっ車・輪軸　本冊149ページ

1 (1) 400g (2) 200g (3) 200g (4) 300g

(5) A 800g B 400g C 400g D 1200g

(6) エ

解説

(1)〜(5) それぞれのひもや、天じょうに加わる力は下の図のようになる。

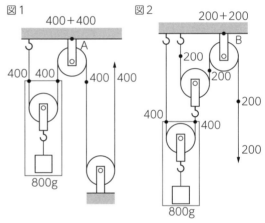

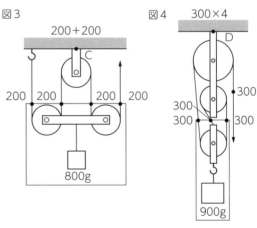

(6) それぞれの図で、力は次の表のようになる。

	おもりの重さ	手で引く力	力
図1	800	400	$\dfrac{1}{2}$
図2	800	200	$\dfrac{1}{4}$
図3	800	200	$\dfrac{1}{4}$
図4	900	300	$\dfrac{1}{3}$

よって、おもりを1m引き上げるためには、手でひもを、

図1：1×2＝2m、図2・図3：1×4＝4m、

図4：1×3＝3m　　引かなければならない。

2 (1) ① 3　② 6　③ 12　(2) 100g

　　(3)　Aのおもりは3cm下がり、Bのおもりは6cm
　　　　上がる。

解説

(2) $3×100＋12×\boxed{100}＝6×250$

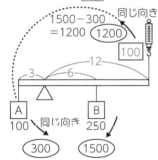

(3) 相似（そうじ）

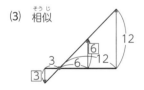

5 浮力（ふりょく）　本冊153ページ

1 図1：800g　図2：800g　図3：700g
　　図4：650g

解説

図1：100＋500＋200＝800g

図2：おもりが水の中に入っていても同じである。
　　　100＋500＋200＝800g

図3：水の中に入っている体積が100cm³なので、浮
　　力も100gである。よって、
　　　ビーカー＋水＋浮力の大きさ（本当は反力）
　　　＝100＋500＋100＝700gとなる。

なお、
　　ビーカー＋水＋おもり－ばねばかり
　　＝100＋500＋200－100＝700gと考えてもよい。

図4：水の中に入っている体積が50cm³なので、
　100＋500＋50＝650gとなる。なお、
　100＋500＋200－150＝650gでも同じ答えとなる。
（考え方は図3と同じ）

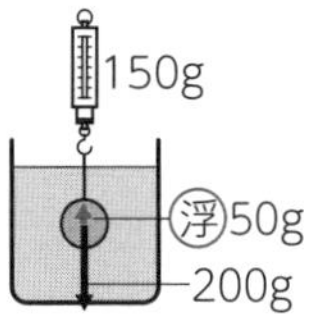

2 (1)　図1：100g　図2：80g　図3：120g
　　　　図4：50g

　　(2)　図1：100g　図2：120g　図3：80g
　　　　図4：150g

解説

(1)

図1：水の中に入っている体積は100cm³。水1cm³
　　あたり1gなので、100×1＝100g

図2：油の中に入っている体積は100cm³。油1cm³
　　あたり0.8gなので、100×0.8＝80g

図3：食塩水の中に入っている体積は100cm³。食塩
　　水1cm³あたり1.2gなので、100×1.2＝120g

図4：油の中に入っている体積はおもりの半分の
　　50cm³。水1cm³あたり1gなので、
　　50×1＝50g

(2)

図1：おもりの重さが200g、浮力が100gで助けてく
　　れている。200－100＝<u>100g</u>

図2：おもりの重さが200g、浮力が80gで助けてく
　　れている。200－80＝<u>120g</u>

図3：おもりの重さが200g、浮力が120gで助けてく
　　れている。200－120＝<u>80g</u>

図4：おもりの重さが200g、浮力が50gで助けてく
　　れている。200－50＝<u>150g</u>

3 212g

解説

100＋100＋12＝<u>212g</u>となる。「重さ12gの木が浮か
んでいる」ということは、<u>下向き12gとつり合う上向
きの浮力も12g</u>である。なお、「木は、その3分の1
が水の上に出ています。」という言葉で深く考えすぎ
ないようにしよう。この言葉からわかることは、

□cm³（水の中に入っている分）×1（水1cm³あたり

の重さ）＝12g（浮力）より、水の中に入っている体積□が12cm³ということである。わざと難しく見せようとして引っかけの言葉を入れているだけである。なお、木の$\frac{2}{3}$が水の中で12cm³なので、この木全体の体積は18cm³となる。ここでは問われていないが、この機会にあわせて確認しておこう。

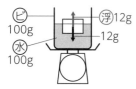

4 25cm³

解説

重さ45gの木片が浮いているということは、下向き45gとつり合う上向きの浮力も45gである。

□cm³（水の中に入っている分）×0.9（アルコール1cm³あたりの重さ）＝45g（浮力）より、水の中に入っている体積□が50cm³ということである。木片全体が75cm³なので、斜線部分の体積は、75－50＝25cm³となる。

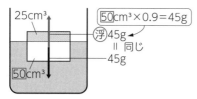

6 豆電球と乾電池　本冊157ページ

1 (1) ア・エ　(2) イ　(3) ウ

解説

このような問題のときは、豆電球と乾電池に流れる電流の数値をまず書きこむ。すると、次の図のようになる。

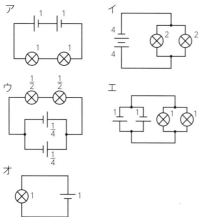

(1) 明るさを聞かれている。豆電球を流れる数字がオと同じ「1」を選ぶので、ア・エとなる。

(2) 一番明るいものを聞かれている。豆電球を流れる数字が一番大きいものを選ぶので、イとなる。

(3) 乾電池が一番長持ちするものを聞かれている。乾電池を流れる数字が一番小さいものを選ぶので、ウとなる。

2 (1) C　(2) A エ C ア　(3) A ア B ア

解説

(1) 「ＡＢを通る道」と「Ｃを通る道」に枝分かれしている並列回路である。どちらか片方の道を手でかくして、1つずつ考えていくことがポイント。各数値は下の図のようになる。

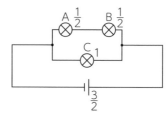

ＡＢの回路とＣの回路はそれぞれ別々に乾電池につながっているので、乾電池1個、豆電球1個のときに流れる電流を1とすると、Ａ、Ｂには$\frac{1}{2}$ずつの電流が流れ、Ｃには1の電流が流れる。よって、比べると電流が多く流れているＣが最も明るくなるとわかる。ちなみに今回は聞かれていないが、乾電池に流れる電流の大きさは、ＡＢを通る道の$\frac{1}{2}$とＣを通る道の1が合流した部分なので、$\frac{1}{2}+1=\frac{3}{2}$となることもあわせて理解しておこう。

(2) Ｂの豆電球をソケットからはずすと電流は流れないので、同じ道にあるＡにも電流は流れない。ＣはＡ、Ｂの回路とは別の独立した回路なので、前と同じように1の電流が流れる。なお、電池は少し長持ちする。

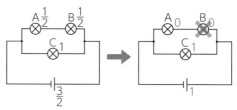

(3) Ｃの豆電球をソケットからはずすとＣを通る道に電流は流れない。ＡとＢはＣの回路とは別の独立した回路なので、前と同じように$\frac{1}{2}$の電流が流れる。なお、電池は少し長持ちする。

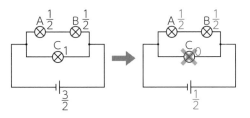

3 (1) A (2) A イ B ウ

解説

(1) 電池が1個の直並列回路である。まずは数字を書いてみる。

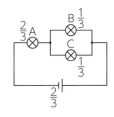

(2) Cの豆電球をソケットからはずすとCを通る道に電流は流れない。よって、次のようにAとBの直列回路になる。

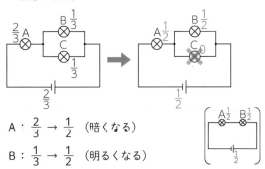

A：$\frac{2}{3}$ → $\frac{1}{2}$ （暗くなる）

B：$\frac{1}{3}$ → $\frac{1}{2}$ （明るくなる）

ステップアップ

	豆電球1個	豆電球2個 （直列つなぎ）	豆電球2個 （並列つなぎ）
電池1個			
電池2個 （直列つなぎ）			
電池2個 （並列つなぎ）			

1 (1) 32℃ (2) 30℃ (3) 3分後

解説

(1) 「ア」は1分間で水温が4℃上昇していることがわかる。そのため、水温は3分間で4×3＝12℃上昇する。よって、20＋12＝32℃となる。

(2) まずはこの図が枝分かれしている並列回路であることを最初に確認する。次に、「ア」の中に入っている電熱線と「イ」の中に入っている電熱線の抵抗の比は断面積に反比例するので5：2となる。「ア」の方が細くて流れにくいので数字が大きくなる。逆にしないように気をつけよう。次に電流について、抵抗（通りにくさ）の比が5：2ということは流れる電流の比は逆比の2：5である。電熱線の発熱量の比は、電流×電流×抵抗で求めることができるので、2つの発熱量の比は、2×2×5：5×5×2＝20：50＝2：5と計算できる。「ア」は1分間に4℃上昇したので、「イ」は1分間に4×$\frac{5}{2}$＝10℃上昇することがわかる。よって、20＋10＝30℃となる。

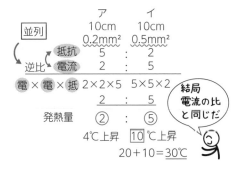

(3) (2)より、1分間で6℃温度差が生まれるのだから、18÷6＝3分後となる。

2 (1) 35℃ (2) 22℃ (3) 5分後

解説

(1) 「ウ」は1分間で水温が5℃上昇していることがわかる。そのため、水温は3分間で、5×3＝15℃上昇する。よって、20＋15＝35℃となる。

(2) まずはこの図が枝分かれしていない直列回路であることを最初に確認する。次に、「ウ」の中に入っている電熱線と「エ」の中に入っている電熱線の抵抗の比は断面積に反比例するので5：2となる。「ウ」の方が細くて流れにくいので数字が大きくなる。逆にしないように気をつけよう。次に電流については、直列つなぎのとき電流はどこでも同じ分だけ流れているので、比は1：1である。電熱線の発熱量の比は、電流×電流×抵抗で求めることができるので

で、2つの発熱量の比は、1×1×5：1×1×2＝5：
2と計算できる。「ウ」は1分間に5℃上昇したので、
「エ」は1分間に5×$\frac{2}{5}$＝2℃上昇することがわかる。
（発熱量5：2なので、5度上昇に対して、2度上昇）。
よって、20＋2＝22℃となる。

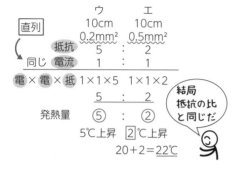

(3) (2)より、1分間で3℃温度差が生まれるのだから、
15÷3＝5分後となる。

3 (1) 2：4：1 (2) 2：1：4

解説

アとイは長さが同じで断面積の比が1：2なので、抵
抗の比は2：1となる。アとウは断面積が同じで長さ
の比が1：2なので、抵抗の比が1：2となる。
よってアとイとウの抵抗の比は、連比を使って求める
と

```
        ア ： イ ： ウ
        2 ： 1
            1  ： 2
        2 ： 1 ： 4    とわかる。
```

(1) 電熱線を並列につないでいるので、流れる電流の
比は、抵抗の逆比になるはずである。流れる電流の
比は
$\frac{1}{2}$：$\frac{1}{1}$：$\frac{1}{4}$＝2：4：1と計算できる。
発熱量は「電流×電流×抵抗」で求められるから、
2×2×2：4×4×1：1×1×4＝8：16：4
＝2：4：1 となる。

(2) 電熱線を直列につないでいるので、流れる電流は
同じ（1：1：1）である。発熱量は「電流×電流×
抵抗」で求められるから、1×1×2：1×1×1：1
×1×4＝2：1：4 となる。

4 9：2：1

解説

A～Cの断面積は同じなので、抵抗の比は長さだけ
を比べればよい。A：B：C＝20cm：10cm：20cm
＝2：1：2となる。また、電流の比はB：C＝2：1

（抵抗の比が1：2より）となり、Aに流れる電流は
BとCに流れる電流の合計なので、2＋1＝3となる。
よって、電流の比はA：B：C＝3：2：1となる。
あとは電流×電流×抵抗を計算すれば、発熱量がわか
る。
A：3×3×2＝18、B：2×2×1＝4、C：1×1×
2＝2より、発熱量の比はA：B：C＝18：4：2＝9：
2：1となる。

8 電流と磁力・電磁石　本冊165ページ

1 A オ　B イ　C ア　D カ　E ウ

解説

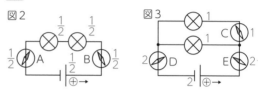

図2の回路では豆電球が2個直列になっているた
め、電流が小さく、ふれも小さくなる。図3の回路で
は豆電球が2個並列になっているため、2個の豆
電球に流れている電流の和がDとEに流れている。
よって、Cのふれは図1と同じだが、DとEのふれ
は大きくなる。まずは豆電球→乾電池、その他の順
に数値を書こう。

2 (1) N極 (2) S極

3 ① 電流　② 巻き数　③ 鉄心（軟鉄（なんてつ））

4 ① C　② G　③ C
　　④ B　⑤ H

解説

今回は導線の下に置いてい
るので、右図のようにな
る。①～③は右手でコイル
をにぎる方法を使い、④・
⑤については、方位磁針と
右手で導線をはさむ考え方を使うこと。

9 手回し発電機・発光ダイオード　本冊169ページ

1 ① ア　② ア　③ カ　④ オ　⑤ ウ　⑥ イ
　　⑦ カ

解説

解くときに次のような書きこみをしながら考えていく
こと。見直しのときにかなり役に立つので重要である。

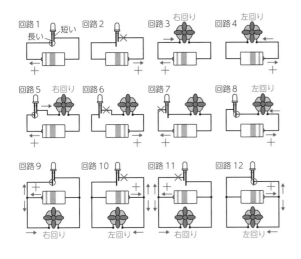

10 ふりこ・物体の運動　本冊173ページ

1 (1) 1.4　(2) ③　(3) 4倍　(4) 25倍　(5) ④

　　(6) 2.4

解説

(1) 往復時間に、おもりの重さは関係ない。

(3) 糸の長さが「10cm」と「160cm」の部分を比べ
　　ると往復時間が「1.2秒」と「4.8秒」となっている。

(4) 5×5＝25倍すればよい。

(6) 糸の長さが「40cm」と「160cm」の部分を比べ
　　ると、糸の長さが4倍になっているので、往復時間
　　は2倍になる。よって、4.8÷2＝2.4秒となる。

2 (1) 2cm　(2) 4cm　(3) 16cm　(4) 6cm

解説

(1) 図2の100gの小球のグラフで、小球の高さ
　　15cmの部分を読み取ればよい。

(2) 図2より、小球の高さと物体の動く距離は比例し
　　ていることがわかる。高さが(1)の2倍なので、
　　2×2＝4cmとなる。

(3) 図2より、400gの小球を15cmの高さから転が
　　すと、物体は8cm動く。(2)と同様に、
　　8×2＝16cmとなる。

(4) 図2より、小球の重さと物体の動く距離も比例し
　　ていることがわかる。15cmの高さにおいて2cm
　　動いた100gの球と比べると、重さが3倍なので、
　　2×3＝6cmとなる。

11 光の直進・反射・屈折　本冊177ページ

1 (1) ウ　(2) イ

解説

(1) パラフィン紙に映る像は上下左右逆になる。普通
　　に上下左右に見えるものだとエを選びそうにな
　　るが、この問題は、その像をうらからのぞくことにな
　　るのでウのように見える。どこから見ているのか注
　　意しよう。

(2) 内箱を後ろに下げると、映る像は大きくなる。ま
　　た、光が広がるために暗くなってしまう。

2 (1) C　(2) B、C、D　(3) C、E

　　(4) 2マス分

解説

(1) 反射の法則を意識して作図をすると、Cからは次
　　の図の色をつけた範囲が見える。

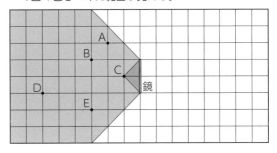

(2) 鏡の前にいれば自分を映すことができる。

(3) 次の図のように考えると、C・Eを見ることがで
　　きるということがわかる。

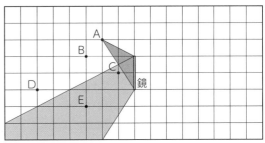

(4) 次の図のように考えると、上に2マス分移動すれ
　　ばよいことがわかる。

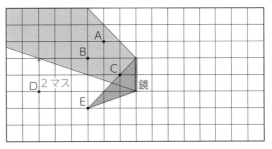

23

12 とつレンズ　本冊181ページ

1 (1) ウ (2) イ (3) エ (4) オ (5) ア

解説

太陽のように平行に入ってくる光は、レンズで屈折して焦点を通る。また、焦点距離の2倍の位置から出た光は、焦点距離の2倍の位置に集まる。この「焦点距離の2倍」に注目する。あとはこれを基準にして、これより遠いときや近いときを「得意にするための1歩」の図で確認しよう。目で見て眺めるだけでなく、何度も指でなぞって覚えていくとよい。

2 (1) 焦点 (2) 9cm (3) 8cm (4) 16：1
　　(5) 1：1

解説

(1) 「焦（こ）げる点」と書いて「しょうてん」と読む。集まる点の「しゅうてん」ではないので注意しよう。

(2) 平行に入ってくる光がとつレンズを通ったあとにどのように進むのか線を書く。そして次の図のように、大きい三角形と小さい三角形の相似な図形を利用して考える。大きい三角形：小さい三角形は、とつレンズの直径：Aの上に映った明るい円の直径＝OF：AFより、8：2=12：$\boxed{3}$となるので、AFの長さは3cm。OA＝OF－AF＝12－3＝9cm となる。

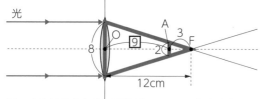

(3) 点Bは焦点からの距離が12cmで、焦点からレンズまでの距離と等しいので、スクリーンに映る明るい円の直径はレンズの直径と同じ8cmとなる。(2)と同じように相似で考えると、下の図のようになる。

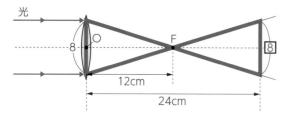

(4) AとBに当たる光の量は変わらないので、面積と明るさは反比例する。相似比が1：4なので、面積比は1：16になる。面積が大きいと光が分散されて暗くなることを思い出そう。よって明るさは16：1となる。

(5) 虫めがねの中央から右へ12cmの点Fが焦点なので、虫めがねの中央から左へ12cmの点Cも焦点である。ここに気づくことができたかどうかが大事。焦点に豆電球を置くと、レンズを通過した光は平行光線になるので、映る円の大きさは同じで明るさも同じになる。

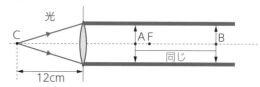

13 音・圧力　本冊185ページ

1 (1) イ・エ・オ (2) ア (3) イ

解説

(1) 高い音を出すためには振動数を多くする。短くて細いコンパクトな方がよく振動し、強く張ってあるとよく振動する。

(2) 低い音を出すためには振動数を少なくする。まずペットボトル内の空気が振動するので、空気を多くする（液体部分を少なくする）と振動しにくくなる。

(3) 高い音を出すためには振動数を多くする。水が少ない方がコップ全体がよく振動する。

2 ウ

解説

糸はよく見るとすき間があり、水はこのすき間を埋めてくれる。すき間があるものよりも、すき間のないものの方がより振動を伝えやすいので、水でぬらした方が音は伝わりやすい。

3 (1) 40cm² (2) 600g

解説

(1) ピストンAとピストンBの断面積にかかる力は、断面積と比例するので、50：200＝1：4である。よって、10cm²×4＝40cm²となる。

(2) 同じ高さにするためには、それぞれのピストンにかかる力をA：B＝1：4にすればよい。よって、1：4＝（50＋150）：（200＋$\boxed{600}$）となる。